Ernst Heinrich Weber

Über die Anwendung der Wellenlehre auf die Lehre vom Kreislaufe des Blutes

Ernst Heinrich Weber

Über die Anwendung der Wellenlehre auf die Lehre vom Kreislaufe des Blutes

ISBN/EAN: 9783743391208

Hergestellt in Europa, USA, Kanada, Australien, Japan

Cover: Foto ©berggeist007 / pixelio.de

Weitere Bücher finden Sie auf www.hansebooks.com

Ueber die Anwendung

der

WELLENLEHRE

auf die

Lehre vom Kreislaufe des Blutes

und insbesondere auf die Pulslehre

von

E. H. WEBER.

Herausgegeben

von

M. v. Frey.

Mit einer lithographirten Tafel.

LEIPZIG

VERLAG VON WILHELM ENGELMANN

1889.

Ueber die Anwendung der Wellenlehre auf die Lehre vom Kreislaufe des Blutes und insbesondere auf die Pulslehre

von

E. H. Weber.[1]

Aus „Berichte über die Verhandlungen der Königl. Sächsischen Gesellschaft der Wissenschaften zu Leipzig. Mathematisch-physische Klasse. Jahrg. 1850." Leipzig, Weidmann'sche Buchhandlung.

Nachdem mein Bruder Wilhelm und ich die Resultate einer gemeinschaftlichen Experimentaluntersuchung über die Bewegung der Wellen herausgegeben hatten,*) wendete ich im Jahre 1827 dieselbe auf den Kreislauf des Blutes und namentlich auf die Lehre vom Pulse, d. h. auf den besonderen Fall an, wodurch die Bewegung des Herzens in einer mit tropfbarer Flüssigkeit angefüllten ausdehnbaren elastischen Röhre Wellen erregt worden.**) Ich bekämpfte die Vorstellungen, die durch die Lehren *Haller*'s und *Bichat*'s herrschend geworden waren. Diese Phy-

---

*) Wellenlehre, auf Experimente gegründet, oder über die Wellen tropfbarer Flüssigkeiten mit Anwendung auf die Schall- und Lichtwellen, von den Brüdern *Ernst Heinrich Weber* und *Wilhelm Weber*, mit 18 Kupfertafeln, Leipzig 1825 bei G. Fleischer. 8.

**) Pulsum arteriarum non in omnibus arteriis simul, sed in arteriis a corde valde remotis paulo serius quam in corde et in arteriis cordi vicinis fieri. Ferner: De utilitate parietis elastici arteriarum. (Programma editum Lipsiae d. XX. mens. Nov. 1827, wieder abgedruckt in der Sammlung der Programme: De pulsu, resorptione, auditu et tactu annotationes anatomicae et physiologicae, Lipsiae 1834, 4. p. 1—12.) Siehe auch *Hildebrandt*'s Handbuch der Anatomie des Menschen, 4. Ausg. von *Ernst Heinrich Weber*, Leipzig 1831, Bd. III. p. 69.

siologen glaubten, der Puls wäre in allen Theilen des Arteriensystems völlig gleichzeitig, das Herz schöbe, indem es durch die Zusammenziehung des linken Ventrikels Blut in die Aorta eintriebe, die ganze Blutsäule, die vom Anfange der Aorta bis zu [165] den Haargefässen reicht, gleichzeitig vorwärts. *Haller**) sagte: »Wenn man bei einem Menschen die rechte Hand auf die Gegend legt, wo das Herz liegt, und die linke an die Schläfenarterie, oder an die Lippenarterie, oder an die Radialarterie, oder an die Kniekehlenarterie, so wird man empfinden, dass das Herz mit seiner gekrümmten Spitze in dem nämlichen Zeitmomente gegen die Rippen stösst, in welchem es in allen genannten Arterien den Puls hervorbringt. Ich habe dieses Experiment oft an mir selbst und an lebenden Thieren gemacht, dasselbe Experiment haben mit dem nämlichen Erfolge *Harvey* und die ersten Begründer der Lehre vom Kreislauf des Blutes und viele neuere Physiologen und namentlich *Bourgelat* bei dem Pferde ausgeführt. Der Einzige, der das Entgegengesetzte bezeugt hat, war ehemals *Josias Weitbrecht*, der wahrnahm, dass der Puls an der Radialarterie in einem andern Zeitmomente erfolge als an der Carotis. Dieser Mann ist zu einem sonderbaren, von den Naturgesetzen abweichenden Resultate geführt worden.« *Bichat***) drückte sich unter Anderem so aus: »Im Augenblicke der Zusammenziehung (des Herzens) tritt nämlich das Blut einerseits in die Arterien, indem es aus der Herzkammer austritt, und andererseits tritt es aus den Arterien aus, um in das Haargefässsystem einzutreten; beide Erscheinungen erfolgen zu gleicher Zeit, weil sie von einer und derselben Impulsion abhängen. Der Puls hat zur speciellen Ursache, wie *Weitbrecht* sehr richtig bemerkt hat, die Ortsbewegung der Arterien, die augenblicklich und plötzlich für das ganze Arteriensystem ist und keineswegs successiv, wie dieser Verfasser angenommen hat.«

Meine Versuche ergaben, dass der Puls in der *Arteria maxillaris externa*, da wo sie über die untere Kinnlade hinweggeht, stets ein wenig eher gefühlt wird, als an der Arterie des Fussrückens, nämlich ungefähr $1/6$ bis $1/7$ Secunde früher, und ich zeigte, dass die durch das Pumpen des linken Ventrikels in den Arterien erregten Wellen zwar eine sehr kurze, aber doch eine noch wahrnehmbare Zeit brauchten, um durch das Arterien-

---

*) *Haller*, Elementa physiologiae, IV. § 42.
**) *Bichat*, Allgemeine Anatomie, übersetzt von *Pfaff*, Th. I. Abth. 2. p. 96 u. 99.

system fortzuschreiten. Zugleich machte ich auf die Verrichtung [166] des so sehr angespannten Arteriensystems aufmerksam. Dasselbe leiste in unserm Körper einen ähnlichen Dienst als der Windkessel in den Feuerspritzen. Das Blut, welches durch die rhythmischen Bewegungen des Herzens absatzweise fortbewegt werden würde, fliesse vermöge der Elasticität der gespannten Arterien in den Haargefässen und Venen in einem ziemlich gleichmässigen Strome.

Später hat *H. Frey* aus Mannheim in seiner Abhandlung über die Wellenbewegung des Blutes und *Volkmann* in einem grossen umfassenden Werke, Hämodynamik, über Blutbewegung und Blutdruck geschrieben. Indessen fehlte es bis jetzt an einer Theorie der durch Wasser in elastischen Röhren fortgepflanzten Wellen und an genügenden Versuchen, um daran die Uebereinstimmung der Theorie mit der Erfahrung zu prüfen. Ich habe diese Lücke zu ergänzen gesucht und theile hier Beobachtungen und Messungen über die Geschwindigkeit der Wellen in einer mit Wasser gefüllten sehr langen und weiten, vollkommen elastischen, aus vulkanisirtem Kautschuk bestehenden Röhre mit und füge in einer Note die von meinem Bruder *Wilhelm* entwickelte Theorie der durch Wasser in elastischen Röhren fortgepflanzten Wellen bei,[2]) deren Resultate, wie man sehen wird, mit den Resultaten, welche die von mir veranstalteten Versuche gegeben haben, sehr schön übereinstimmen, so dass man sich nun im Besitz einer durch die Erfahrung bestätigten Theorie der Wellen in elastischen, mit Wasser angefüllten Röhren befindet.

Wellenbewegung und Strombewegung.

Wir müssen bei dem Kreislaufe des Blutes zwei Arten von Bewegung unterscheiden, das **Strömen** des Blutes und seine **Wellenbewegung**, welche letztere die Ursache des in den Arterien wahrnehmbaren Pulses ist.

Wenn zwei Wasserbehälter unter einander communiciren und das Wasser in dem einen unter einem zehn Mal grösseren Drucke steht als in dem andern, so muss es so lange, bis sich der ungleiche Druck ausgeglichen hat, aus jenem Gefässe in dieses strömen. Da der Druck, den das Blut in den grossen Arterien auf die Wände ausübt und von ihnen erleidet, ungefähr zehn mal so gross ist als in den grossen Venen, so muss das Blut, abgesehen von der in den Arterien zugleich stattfindenden Wellenbewegung, aus den Arterien durch die Haargefässe nach den [167] grossen Venen strömen, auch dann, wenn das Herz einige Zeit still steht und keine Wellenbewegung vorhanden ist. *Magendie* hat durch Versuche bewiesen, dass, wenn man den Zutritt des Blutes zu dem Beine eines Säugethieres durch andere Arterien als die Schenkelarterien verhindert und die Schenkelarterie plötzlich mit den Fingern zusammendrückt, so dass kein Blut mehr vom Herzen her in sie eintreten kann, das schon in ihr und in ihren Aesten enthaltene Blut fortführt, durch die Haargefässe in die Venen zu strömen. Dadurch, dass das angespannte Arteriensystem ein continuirliches Strömen durch die Haargefässe in die Venen verursacht, leistet es eben jenen Dienst, den ich mit dem Dienste des Windkessels in Feuerspritzen verglichen habe.

So wie auf einem Flusse zugleich Wellen vorhanden sein können, so befindet sich das strömende Blut zugleich in einer Wellenbewegung, die wir von der Strömung unterscheiden müssen.

Beide Bewegungen entstehen vermöge des mangelnden Gleichgewichts. Aber bei dem Strömen ist das Gleichgewicht **gleichzeitig zwischen allen Theilen** der strömenden Flüssigkeit aufgehoben, alle Theile der Flüssigkeit erleiden dadurch gleichzeitig eine Veränderung ihrer Lage, wobei die hinteren in den Ort der fortrückenden vorderen in dem Momente eintreten, wo diese ihn verlassen. Der Strom ist daher ein bewegter Körper. So weit sich der Strom fortbewegt, eben so weit bewegen sich auch die Wassertheilchen, die ihn bilden.

Bei der Wellenbewegung dagegen findet eine Störung des Gleichgewichts nur in **einem Theile** der Flüssigkeit statt, und das Streben dieses Theils, in den Gleichgewichtszustand zurückzukehren, bringt **successiv** eine Störung des Gleichgewichts in der benachbarten und successiv in der übrigen Flüssigkeit hervor und dadurch eben schreitet die Welle im Wasser fort. Die Welle ist keineswegs ein sich fortbewegender Körper, sondern eine in dem Medium der Flüssigkeit sich fortbewegende Form. Diese Form bewegt sich dadurch fort, dass das vor der Welle befindliche Wasser emporsteigt und sich successiv zur Welle gestaltet, während das Wasser, das den hinteren Abhang der Welle bildet, niedersinkt und aufhört, einen Theil der Welle auszumachen. Die Welle wächst vorn, während sie hinten vernichtet wird, und dadurch schreitet sie fort, dieses gilt ohne Ausnahme von allen Wellen. Folgendes möge zur Erläuterung für [168] Solche dienen, die sich mit der Wellenlehre noch nicht beschäftigt haben.

Wellenbewegung in einer incompressiblen Flüssigkeit mit freier Oberfläche.

Man unterscheidet eine **positive Welle** oder **Bergwelle** von der **negativen Welle** oder **Thalwelle**. Eine Bergwelle nennt man eine Welle, wenn die Oberfläche der in Wellenbewegung begriffenen Flüssigkeit über dem Niveau der Flüssigkeit erhaben ist, eine **Thalwelle**, wenn die in Wellenbewegung begriffene Flüssigkeit eine unter dem Niveau vertiefte Oberfläche hat

Wenn man in einer incompressiblen Flüssigkeit mit freier Oberfläche eine Bergwelle erregt, so entsteht hinter derselben durch das beschleunigte Niedersinken der Welle eine Thalwelle, wenn es nicht durch die Erregung einer neuen Bergwelle gehindert wird. Man erregt eine positive Welle, wenn man z. B. eine mit Wasser gefüllte senkrechte Röhre mit ihrem einen Ende in Wasser eingetaucht hat, und nun das in ihr befindliche Wasser plötzlich niedersinken lässt, z. B. indem man das obere Ende der Röhre, das man mit dem Finger zugehalten hatte, plötzlich öffnet; man erregt dagegen eine Thalwelle, wenn man das Wasser in einer solchen eingetauchten Röhre plötzlich zu steigen nöthigt, indem man am oberen Ende der Röhre saugt und die gestiegene Flüssigkeit zurückhält.

Bei einer in der Richtung des Pfeils B Fig. I fortschreitenden Bergwelle hat man das Vordertheil und das Hintertheil des Wellenbergs zu unterscheiden, d. h. die Abtheilung, welche auf der Seite liegt, wohin die Welle fortschreitet, und die, welche auf der Seite liegt, woher die Welle gekommen ist. Alle Wassertheile, welche dem Vordertheile angehören, sind im **Steigen**, alle welche dem Hintertheile angehören, sind im **Sinken** begriffen. Dieses Steigen und Sinken der Wassertheilchen geschieht aber nicht in senkrechter Richtung, die die hier gezeichneten kleinen Pfeile haben, sondern alle Wassertheilchen der Bergwelle bewegen sich zugleich **vorwärts**. Es bewegt sich nämlich jedes Wassertheilchen, durch dessen Ort eine Bergwelle geht, in einer Bahn, welche die Gestalt einer halben Ellipse hat, die, wenn das Wasser sehr tief und also der Boden sehr entfernt ist, einer halbkreisförmigen Bahn sehr ähnlich ist (Figur I b), [169] nämlich erst vorwärts und aufwärts, hierauf vorwärts und abwärts.

Bei einer in der Richtung des Pfeils T Fig. II fortschreitenden Thalwelle sind, wie die kleinen Pfeile andeuten, alle Wassertheilchen, welche dem Vordertheile derselben angehören, im Sinken, alle, welche das Hintertheil bilden, im Steigen begriffen, und zu gleicher Zeit bewegen sie sich alle rückwärts, d. h. in entgegengesetzter Richtung als die Thalwelle. Jedes Wassertheilchen, durch dessen Ort das Wellenthal hindurchgeht, bewegt sich in der Bahn t, nämlich erst rückwärts und abwärts und hierauf rückwärts und aufwärts. Wenn daher, wie in Fig. III, ein Wellenberg und ihm unmittelbar folgend ein gleich grosses Wellenthal durch das Wasser fortschreitet, so bewegt sich ein jedes Wassertheilchen dieses Wassers in der elliptischen Bahn Fig. III bt, die, wenn das Wasser sehr tief und also vom Boden sehr entfernt ist, einem Kreise ähnlich ist. Während also ein Wassertheilchen sich in dieser fast kreisförmigen Bahn ein Mal herum bewegt, schreitet die Welle um ihre Länge, d. h. um die Länge des Wellenbergs und des Wellenthals fort, wobei zu berücksichtigen ist, dass das auch der Fall ist, wenn die Welle bei gleicher Höhe 50 oder 100 Mal länger ist als die hier gezeichnete, denn es ist zu bemerken, dass die Wellen in der Wirklichkeit im Verhältniss zu ihrer grossen Länge sehr niedrig sind, während sie hier zur Ersparniss des Raumes sehr schmal und hoch gezeichnet sind.

Wenn eine Reihe gleicher Wellen, in welcher gleich grosse Berge und Thäler abwechselnd auf einander folgen, ein Wassertheilchen in Bewegung setzen, so vollendet dasselbe immer von Neuem einen Umlauf in derselben Bahn, so oft eine neue Welle den Ort passirt, und kehrt daher immer auf seinen vorigen Ort zurück. Diese Bahn ist eine Ellipse, die in der Verticalebene liegt und die, wie gesagt, desto mehr einem Kreise ähnlich ist, je tiefer das Wasser und je entfernter der Boden ist, die dagegen desto gestreckter und einer Linie ähnlicher wird, je näher der Boden dem bewegten Wassertheilchen ist. Fig. IV bt zeigt eine elliptische Bahn bei mässiger Tiefe, da der Wellenberg und das Wellenthal gleich gross waren. Anders verhält es sich aber, wenn die Wellen erregende Ursache von der Art ist, dass eine

Reihe von Wellen entstehen, deren Berge sehr gross und deren Thäler sehr klein sind.

Fig. IV BT' zeigt eine Bahn, die ein Wassertheilchen [170] durchläuft, wenn der Wellenberg ungefähr noch einmal so gross ist als das darauf folgende Wellenthal. Unter diesen Umständen bleibt das Wassertheilchen nicht an seiner Stelle, sondern rückt bei jeder Welle ein Stück vorwärts, so viel nämlich, als hier die Spitze des gekrümmten Pfeils vom Anfange des Pfeils entfernt ist, so dass, wenn eine Reihe von solchen Wellen auf einander folgen, das Wassertheilchen durch die Wellenbewegung sehr weit fortgeführt werden kann, wie in Fig. IV $B^1 B^2 B^3 B^4$. Durch die erste Welle (grosser Wellenberg und kleines Wellenthal) wird das Wassertheilchen von T^1 nach T^2, durch die zweite Welle nach T^3, durch die dritte Welle nach T^4, durch die vierte Welle nach T^5 geführt. Unter gewissen Umständen kann das Wellenthal äusserst klein sein im Verhältnisse zum Wellenberg, oder sogar ganz fehlen, wie z. B. wenn die Wellen am Anfange eines schmalen, mit Wasser erfüllten Grabens dadurch erregt werden, dass periodisch und schnell genug hinter einander gewisse Mengen Wasser hineingepumpt werden. Die Bahn, die ein Theilchen unter diesen Umständen beschreibt, ist z. B. die von Fig. IV bt.*) Wenn dieses Pumpen so schnell geschieht, dass, nachdem der Wellenberg um seine Breite fortgeschritten ist, ein neuer Wellenberg gebildet wird, so entstehen gar keine Wellenthäler (unter dem Niveau vertiefte Wellen), sondern nur eine Reihe von Wellenbergen, und dann rücken die Wassertheilchen mit dem Durchgange jedes neuen Wellenbergs vorwärts. Eben so verhält es sich nun auch mit den Wellenthälern. Wenn am Anfange eines schmalen, mit Wasser erfüllten Grabens durch eine Saugpumpe periodisch Wasser eingesogen wird, so entsteht bei jedem Einsaugen ein Wellenthal, und wenn das zweite Einsaugen nicht schnell genug auf das erste folgt, hinter dem Wellenthale ein kleinerer Wellenberg. Das Wellenthal und der Wellenberg laufen im Graben weit fort, und an jedem Orte des Grabens bewegt sich das an demselben befindliche Wassertheilchen im Momente, wo die Welle durchgeht, in der Bahn Fig. IV BT, nämlich erst ein grösseres Stück rückwärts und hierauf ein kleineres Stück vorwärts. Auf diese Weise bewegt sich ein Wassertheilchen, das durch eine Reihe Thalwellen in Bewegung gesetzt wird, zwischen welchen es gar keine Bergwellen giebt, mit jeder

---

*) Siehe Wellenlehre, Taf. II, Fig. 26.

ankommenden neuen Welle rückwärts und nähert sich also dem Orte, wo die Thalwellen erregt werden. Während z. B. vier Wellen [171] (die aus einem grossen Thale und einem kleinen Berge bestehen) einen langen mit Wasser erfüllten Graben vom Anfange bis zum Ende durchlaufen, wird ein durch diese vier Wellen in Bewegung gesetztes Wassertheilchen ein Stück Wegs, aber in umgekehrter Richtung fortgeführt, in der Richtung vom Ende des Grabens nach dem Anfange zu, z. B. in Fig. IV von τ^1 nach β^4, und zwar durch die erste Welle von τ^1 nach β^1, durch die zweite von τ^2 nach β^2, durch die dritte von τ^3 nach β^3, durch die vierte von τ^4 nach β^4. Man könnte unter solchen Umständen vielleicht die immer nach einer und derselben Richtung fortschreitende Bewegung, in welche das Wasser durch eine Reihe von Bergwellen versetzt wird, zwischen welchen keine oder nur kleine Thalwellen vorhanden sind, mit einem Strome verwechseln und glauben, dass hier eine Ausnahme von der oben aufgestellten Behauptung stattfinde, dass die Welle kein fortschreitender Körper, sondern eine sich fortbewegende Form sei. Dieses ist *Volkmann* begegnet. Derselbe behauptet, es gäbe Wellen, bei welchen das Fliessen und die Bewegung der Wellen unzertrennliche Vorgänge und wo Strombewegung und Wellenbewegung identisch wären. Allein jede Wellenbewegung ist mit einer Bewegung der Wassertheilchen verbunden, und ohne eine solche würde das Wasser seine Form nicht verändern und die Welle nicht fortschreiten können. Werden nun freilich abwechselnd g l e i c h g r o s s e Bergwellen und Thalwellen erregt, so kehren die sich bewegenden Wassertheilchen immer an ihren vorigen Ort zurück, weil die Bewegung, die mit dem Fortschreiten der Thalwelle verbunden ist, in entgegengesetzter Richtung geschieht, als die mit dem Fortschreiten der Bergwelle verbundene. In allen Fällen aber, wo die erregten Bergwellen grösser sind als die ihnen nachfolgenden Thalwellen, hebt die Thalwelle die Bewegung nicht ganz auf, die mit der vorausgehenden Bergwelle verbunden war, und die Wassertheilchen rücken a b s a t z w e i s e nach einer und derselben Richtung fort und können durch eine grosse Reihe solcher Wellen weit fortgeführt werden. Die Fortbewegung der Wassertheilchen durch Bergwellen unterscheidet sich eben dadurch, dass sie eine absatzweise periodisch sich wiederholende Bewegung ist, und dass eine Reihe Wellen die Ursache derselben ist, von der Strombewegung. Dass aber die Welle auch in diesem Falle nur eine in dem Medium des Wassers sich fortbewegende Form und keineswegs ein sich fortbewegender Körper ist, liegt klar am Tage. Während eine zwei [172] Zoll hohe Bergwelle einen 100 Fuss langen Graben durchläuft, bewegt sich ein an der Oberfläche liegendes Wassertheilchen, welches durch die Bergwelle in Bewegung gesetzt wird, nur zwei Zoll weit. Folgt nun freilich dieser Bergwelle eine zweite, eine dritte, vierte Welle u. s. w., die alle die ganze Länge des Grabens durchlaufen, so rückt jenes Wassertheilchen, wenn es durch die zweite Bergwelle in Bewegung gesetzt wird, abermals zwei Zoll weiter und eben so bei jeder nachfolgenden Bergwelle. Wird nun durch das Abfliessen des Wassers der am Ende des Grabens anlangenden Wellen verhindert, dass die Bergwellen reflectirt werden und den Graben in umgekehrter Richtung durchlaufen, so kann auf diese Weise ein Wassertheilchen durch eine lange Reihe von Bergwellen allmählich und absatzweise vom Anfange des Grabens bis zum Ende fortgeführt werden. Wie sehr hierbei die Wellenbewegung von der Strombewegung zu unterscheiden ist, sieht man am deutlichsten bei den Thalwellen. Denn werden am Anfange eines langen, mit Wasser gefüllten Grabens durch das periodische Einsaugen von Wasser mittelst einer Saugpumpe eine Reihe zwei Zoll tiefe Thalwellen erregt, so bewegen sich die Wellen von Anfange des Grabens nach dem andern Ende desselben fort, während ein Wassertheilchen, das durch diese Reihe von Wellen in Bewegung gesetzt wird, durch jede Welle etwa zwei Zoll weit in der Richtung nach dem Anfange des Grabens zu fortgerückt wird, d. h. die Wassertheilchen bewegen sich in entgegengesetzter Richtung als die Wellen. Dasselbe, was ich hier von dem Fortrücken der Wassertheilchen durch positive und negative Wellen gesagt habe, gilt auch von den in einer elastischen, ausdehnbaren, mit Wasser erfüllten Röhre entstehenden Wellen.

Fig. V zeigt bildlich, wie eine Welle, die aus einem Wellenberge und zwei halben Wellenthälern besteht, die also vom tiefsten Punkte des einen Wellenthals bis zum tiefsten Punkte des folgenden Wellenthals reicht, um $1/_6$ ihrer Breite fortschreitet, so dass sich ihr Gipfel von D nach E bewegt, und welche Lage sie hierauf annimmt, wenn sie abermals um $1/_6$ ihrer Breite fortgeht, so dass ihr Gipfel von E nach F gelangt. Um nun anschaulich zu machen, wie diese Bewegung der Welle aus den Bewegungen der einzelnen Wassertheilchen in ihren Schwingungsbahnen resultirt, sind unter A bis K die Schwingungsbahnen von 10 Wassertheilchen gezeichnet, die an der Oberfläche der fortschreitenden Welle liegen. An jeder Schwingungsbahn [173] sind 6 Punkte bezeichnet, die um $1/6$ der Bahn von einander entfernt sind und also in allen Bahnen dieselbe Lage haben und als einander entsprechende Punkte der Schwingungsbahnen zu betrachten sind. Das im tiefsten Punkte des Wellenthals unter G bei 1 liegende Wassertheilchen schreitet um $1/6$ in seiner Bahn, nämlich von 1 nach 2 fort, das in der Schwingungsbahn F liegende Theilchen gelangt gleichzeitig von 2 nach 3, indem es auch um $1/6$ in seiner Bahn fortrückt, das in der Bahn E befindliche geht von 3 nach 4, das in der Bahn D sich bewegende kommt von 4 nach 5, das in der Bahn C enthaltene schreitet von 5 nach 6 fort und das in der Bahn B gelegene kehrt von 6 nach 1 zurück. So sehen wir, dass jedes Wassertheilchen ein anderes Stück der Schwingungsbahn durchläuft, während der Wellengipfel von D nach E fortgeht. Verfolgen wir nun die Welle in einem zweiten Zeitraume, wo ihr Gipfel von E nach F fortgeht, so sehen wir, dass das Wassertheilchen, das sich das vorige Mal von 1 nach 2 bewegt hatte, sich nun von 2 nach 3 bewegt, und dass es nun also schon $2/6$ seiner Bahn durchlaufen hat, und dieses Wassertheilchen würde daher in einem dritten Zeitraume von 3 nach 4 gehen und dann im Gipfel des Wellenbergs liegen. Dieses ist auf Fig. 6 sichtbar, wo wir es dann in einem vierten Zeitraum sich von 4 nach 5 fortbewegen und daher wieder herabsteigen sehen, während es bis jetzt immer gestiegen war. Auf Fig. VII endlich sehen wir dieses Wassertheilchen seinen Kreislauf vollenden. Während dasselbe seine Bahn einmal durchlaufen hat, ist die Welle um ihre ganze Breite fortgerückt.

Dieses mag genügen, um eine anschauliche Vorstellung von der Bewegung der Welle im Wasser mit freier Oberfläche und von der Art und Weise, wie sie aus der Bewegung der einzelnen Flüssigkeitstheilchen resultirt, zu geben.

Ueber die Wellenbewegung in einer mit incompressibler Flüssigkeit erfüllten dehnbaren elastischen Röhre.

Die Kraft, welche die Wellenbewegung des Wassers mit freier Oberfläche unterhält, ist die **Schwerkraft**, die Kraft, welche die Welle an einem beugsamen Faden fortschreiten macht, der über eine Rolle geführt und durch ein Gewicht gespannt ist, ist die spannende Kraft des Gewichts. Bei den Wellen, welche an einem elastischen, zwischen zwei festen Punkten ausgespannten [174] Faden erregt werden, kommt zu der spannenden Kraft der Wirbel noch die Elasticität des Fadens hinzu. Viel complicirter ist der Fall, wenn die Wellenbewegung in einer von incompressibler Flüssigkeit erfüllten beugsamen, dehnbaren und elastischen Röhre stattfindet.

H. Frey[*]) hat sich die Wand einer solchen Röhre als aus unzähligen, der Länge nach dicht neben einander aufgespannten elastischen Saiten bestehend vorgestellt und die Gesetze der Bewegung gespannter Saiten analogisch auf den vorliegenden Fall angewendet. Er ist sich aber dabei wohl bewusst gewesen, dass die Anwendbarkeit einer solchen Analogie nicht ohne Weiteres einleuchte und noch nicht als begründet betrachtet werden dürfe. Wenn sich auch später zeigen wird, dass die Resultate einer Theorie der Wellenbewegung in ausdehnbaren, elastischen, mit Flüssigkeit gefüllten Röhren innerhalb gewisser Grenzen eine Analogie mit den Resultaten der Wellen gespannter Saiten haben; so wird doch zugleich einleuchten, dass diese Resultate aus ganz andern Vorgängen und Kräften entspringen. So hängt z. B. die Fortpflanzung der Welle in einer mit Flüssigkeit erfüllten ausgedehnten elastischen Röhre nicht wie die bei gespannten Saiten von der Stärke, sondern von den Ungleichheiten der Spannung benachbarter Theile der Röhre und von der Aenderung derselben ab.[3]) Auch darf die tropfbare Flüssigkeit nicht bloss als eine den elastischen Wänden der Röhre angehängte träge Masse betrachtet werden, welche die Fortpflanzung der Welle verlangsamte,

---

[*]) *H. Frey*, Versuch einer Theorie der Wellenbewegung des Blutes in den Arterien, in *Müller's* Archiv, 1845. p. 169. »Da wir die folgenden Angaben über die Fortpflanzungsgeschwindigkeit der Wellen im elastischen Rohre weder auf mathematischem Wege, noch durch genaue Experimente zu begründen im Stande waren, dieselben vielmehr auf blosser, bei oberflächlicher Betrachtung einleuchtender Analogie mit den für Wellen anderer Medien gültigen Gesetzen beruhen, so ist es leicht möglich, dass sie zum Theil unrichtig sind.«

etwa so, wie die Masse des Ueberzugs einer mit Draht übersponnenen Saite die Wellen der Saite verlangsamt; sondern die Welle wird dadurch fortgepflanzt, dass die bewegte Flüssigkeit die Röhrenwand in einer gewissen Strecke ausdehnt und spannt und der gespannte Theil der Wand die Flüssigkeit bewegt, indem er auf sie drückt und dadurch wieder die Ausdehnung und Anspannung der nächsten Abtheilung der Röhre hervorbringt. Ein gespannter Theil der elastischen Wand wirkt [175] nicht unmittelbar bewegend auf den benachbarten Theil der Wand, sondern nur mittelbar durch die incompressible Flüssigkeit.

Eine den Verhältnissen entsprechende Vorstellung erhält man, wenn man sich die von der Flüssigkeit erfüllte und ausgedehnte elastische Röhre, Fig. VIII, durch unveränderliche Grenzen, die den Querschnitten der Röhre entsprechen, in Abtheilungen (Röhrenelemente) $a\ b\ c\ d\ e\ f\ g\ h\ i$ getheilt denkt. Der Stempel s, Fig. VIII, möge Wasser aus der unausdehnbaren Röhre k in die ausdehnbare Röhre $i\ a$ mit einer anfangs zunehmenden und dann abnehmenden Geschwindigkeit hereingedrängt und dadurch die Röhre so erweitert haben, dass das in den verschiedenen Röhrenabschnitten (Röhrenelementen) enthaltene Wasser die durch die Zahl der punktirten Pfeile angedeuteten Geschwindigkeiten angenommen hat. Wenn dann die ringförmigen Theile der Röhrenwand, welche die Röhrenabschnitte e und f umschliessen, denjenigen Druck auf das eingeschlossene Wasser ausüben, welchen die durch Linien dargestellten Pfeile anschaulich machen, so übersieht man, dass die in den Röhrenabschnitten e, d, c, b enthaltenen Wassertheilchen in der Richtung a beschleunigt werden müssen, da sie sich selbst in dieser Richtung schon bewegen und durch den durch die linearen Pfeile angedeuteten Druck in dieser Richtung eine Zunahme der Geschwindigkeit erhalten, dass dagegen die in den Röhrenabschnitten $f\ g\ h\ i$ enthaltenen Wassertheilchen in ihrer Bewegung retardirt werden, da auf sie in der Richtung s der durch die linearen Pfeile angedeutete Druck ausgeübt wird, der der Bewegung entgegen ist, in welcher sich die Theilchen schon befinden. Hierdurch kommt die Flüssigkeit in i im nächsten Zeitmomente zur Ruhe und die ausgedehnte Röhrenwand dieser Abtheilung kehrt zu ihrem ursprünglichen Durchmesser zurück, während in demselben Zeitmomente in der Abtheilung a, in welcher bis jetzt keine Bewegung des Wassers und keine Ausdehnung der Röhre stattfand, das Wasser in Bewegung gesetzt wird und durch dasselbe die Röhrenwand eine Ausdehnung erleidet und auf diese

Weise die Welle um eine Abtheilung in der Richtung, welche die punktirten Pfeile anzeigen, fortschreitet. Man übersieht hiernach auch, dass sich das Wasser in dem Röhrenabschnitte d anhäufen und die Röhrenwandung noch mehr ausdehnen und dadurch selbst wieder den Druck vergrössern müsse, den das ringförmige Stück der elastischen Röhrenwand auf das enthaltene Wasser [176] ausübt, wenn durch den grösseren scheibenförmigen Querschnitt zwischen e und d mehr Wasser in die Abtheilung d hineindringt, als durch den kleineren scheibenförmigen Querschnitt zwischen d und c aus d herausdringt, und dasselbe gilt von den Röhrenabtheilungen c und b. Das Entgegengesetzte ereignet sich im Hintertheile der Welle in der Abtheilung f, in welche durch den scheibenförmigen kleinen Querschnitt zwischen f und g weniger Flüssigkeit nach f hineindringt, als durch den scheibenförmigen grossen Querschnitt zwischen f und e aus f heraustritt, und dasselbe gilt von den Röhrenabtheilungen c und b.

Diese verwickelteren Verhältnisse lassen sich nur mit Anwendung der mathematischen Zeichensprache genauer übersehen. Ich habe, nachdem ich die sogleich mitzutheilenden Resultate bei den von mir und *Th. Weber* an einer sehr langen Röhre von vulkanisirtem Kautschuk angestellten Versuchen erhalten hatte, meinen Bruder *Wilhelm Weber* gebeten, die Theorie dieser für die Lehre vom Blutlaufe wichtigen Wellenbewegung zu entwickeln. Ich werde daher weiter unten in einer Note die von ihm gegebene Theorie mittheilen und bemerke nur, dass bei der Anwendung dieser Theorie auf die von mir gebrauchte Kautschukröhre die berechnete Geschwindigkeit der Wellen so nahe mit der von mir durch Versuche gefundenen Geschwindigkeit übereinstimmt, dass man sie als durch die Erfahrung bestätigt betrachten muss. Die Welle, sie mochte durch eine grosse oder eine kleine Kraft erregt werden, durchläuft nach unseren Messungen in 1 Secunde 11 259 mm oder 33 Fuss 19 Zoll Pariser Maass; nach der von meinem Bruder gegebenen Theorie, wenn dieselbe auf den von mir untersuchten Fall angewendet wurde, ergab die Rechnung eine Geschwindigkeit der Welle von 10 150 mm oder von 31 Fuss 9 Zoll Pariser Maass. Die vorhandene kleine Differenz erklärt sich vollkommen, wenn man bedenkt, dass eine sehr genaue Messung der Vergrösserung des Durchmessers und der Länge der elastischen Röhre durch den vermehrten Druck des Wassers mit Schwierigkeiten verbunden war, da sie nicht überall dieselbe, sondern an den ausdehnbaren Stellen etwas grösser, an den weniger ausdehnbaren etwas kleiner war. Nachdem ich von meinem Bruder die Auseinandersetzung der von ihm gegebenen Theorie erhalten hatte, bin ich darauf aufmerksam geworden, dass schon Dr. *Young* eine Theorie dieser Wellen gegeben hat.*)

[177] **Versuche über die Wellenbewegung einer von incompressibler Flüssigkeit erfüllten elastischen Röhre.**

I. In einer Röhre von vulkanisirtem Kautschuk.

Bei folgenden von mir und *Theodor Weber* angestellten Versuchen wurden zwei aus vulkanisirtem, möglichst vollkommen elastischem Kautschuk bestehende Röhren genommen und diese dadurch zu einer einzigen langen Röhre vereinigt, dass das eine Ende derselben über einen ungefähr 10 mm breiten Holzring weggezogen und darauf festgebunden wurde, der den nämlichen Durchmesser hatte als die Kautschukröhre, wenn sie von der Flüssigkeit ausgedehnt war. Der Durchmesser der Kautschukröhre betrug im unausgedehnten Zustande 35,5 mm, die Dicke der Wand 4 mm und also der Durchmesser der Höhle der Röhre im unausgedehnten Zustande 27,5 mm. In jenem Holzring war eine Glasröhre, die den Durchmesser einer engen Barometerröhre hatte, senkrecht eingesetzt, in welcher man den Druck und die Bewegung des Wassers beobachten konnte. Um die Ausdehnung und Verengung, welche die Kautschukröhre beim Durchgange der Wellen erlitt, auch dann noch wahrnehmen zu können, wenn sie sehr klein waren, brachte *Theodor Weber* in der Nähe des Endes B der Kautschukröhre eine aus einem Drahte gefertigte sehr leichte ungleicharmige Wage an. (Fig. XIII.) Nachdem er durch ein kleines in b befindliches Gewicht das Gleichgewicht hergestellt hatte, verband er mittelst eines Häkchens den kürzeren Arm derselben mit der Oberfläche der Kautschukröhre, die bei a im Durchschnitte zu sehen ist, und beobachtete nun die Bewegung des langen Arms, der sich vor einer Gradeintheilung bewegte, entweder mit unbewaffnetem Auge, oder durch ein vergrösserndes Fernrohr. Ich selbst erregte am

---

*) On the Function of the heart and arteries, Philos. Transact. 1809. P. 1. p. 12—16.

Ende A der Kautschukröhre im Momente des Schlags eines Chronometers einen Wellenberg, indem ich die mit Wasser erfüllte Röhre in einer Strecke von bestimmter Länge möglichst schnell und immer auf dieselbe Weise zusammendrückte, z. B. indem ich mittelst eines mit der Hand umfassten Holzkästchens die Röhre auf dem Tische zusammendrückte und die eingeschlossene Flüssigkeit in den nächsten Theil der Röhre auszuweichen nöthigte. *Th. Weber* beobachtete die Zeit, welche der entstandene Wellenberg brauchte, [178] um die 9620 mm lange Röhre, nämlich vom Ende A bis zu der in der Nähe des Endes B angebrachten Wage, zum ersten Mal zu durchlaufen; er beobachtete ferner, welche Zeit dieselbe Welle brauchte, um denselben Weg zu machen und hierauf noch ausserdem vom Ende B nach dem Ende A zurückzukehren und von da wieder bis zur Wage hinzulaufen, d. h. um die Länge der Röhre drei Mal zu durchlaufen. Zog man von der Zeit, die hierzu erforderlich war, diejenige Zeit ab, welche die Welle brauchte, um die Röhre ein Mal zu durchlaufen, so erhielt man die Zeit, welche nöthig war, damit die Welle die Röhre zum zweiten und dritten Male durchliefe. Auf ähnliche Weise wurde untersucht, wie viel Zeit erforderlich sei, damit die Welle die Röhre fünf Mal durchliefe, und wie viel Zeit auf den vierten und fünften Weg kommt.

Dieselben Beobachtungen wurden über die Geschwindigkeit der negativen Welle oder Thalwelle gemacht, die dadurch erregt wurde, dass der Kasten, womit das Ende A der Kautschukröhre zusammengedrückt worden war, bei einem bestimmten Schlage des Chronometers möglichst schnell aufgehoben wurde, so dass sich die Flüssigkeit des benachbarten Röhrenstücks in den leeren Theil der Röhre hereinstürzte und ein Wellenthal bildete, das sich nach dem Ende der Röhre B fortpflanzte. Um gewiss zu sein, dass die Wände der zusammengedrückten Kautschukröhre nicht an einander klebten, wurde der Versuch auch so abgeändert, dass die Röhre nur bis auf den halben Durchmesser oder noch weniger zusammengedrückt wurde, so dass also die Wände der Röhre nicht mit einander in Berührung kamen.

Diese Beobachtungen wurden nun bald bei einem geringen Wasserdrucke von 8 mm, bald bei einem 537 Mal grösseren, durch eine 3,5 m hohe Wassersäule hervorgebrachten Drucke ausgeführt. Man findet dieselben in zwei Tabellen auf den beiden folgenden Seiten zusammengestellt.

[179] **Geschwindigkeit, mit welcher die Welle eine mit Wasser erfüllte Röhre aus vulkanisirtem Kautschuk durchläuft, wenn dieselbe durch eine 8 mm hohe Wassersäule gespannt wird und dabei 9620 mm lang ist, 35,5 mm im Durchmesser hat und die Dicke ihrer Wand 4 mm beträgt.**[*]

Positive Welle.   Negative Welle.

Zeit, in welcher die Welle die Röhre ein Mal durchläuft.

Zahl der Chronometerschläge, jeder = 0,4 Secunde.

$$\left.\begin{array}{l}1,8\\1,9\\1,8\\2,0\\1,8\end{array}\right\}\text{Mittel} = 1{,}86 = 0{,}744 \text{ Secund.} \quad \left.\begin{array}{l}2,3\\2,5\\2,3\\2,5\\2,5\end{array}\right\}\text{Mittel} = 2{,}42 = 0{,}968 \text{ Secund.}$$

Zeit, in welcher die Welle die Röhre drei Mal durchläuft.

$$\left.\begin{array}{l}5,3\\5,5\\5,5\\5,3\\5,5\end{array}\right\}\text{Mittel} = 5{,}42 = 2{,}168 \text{ Secund.} \quad \left.\begin{array}{l}6,2\\6,2\\6,3\\6,5\\6,3\end{array}\right\}\text{Mittel} = 6{,}3 = 2{,}52 \text{ Secund.}$$

Zeit, in welcher die Welle die Röhre fünf Mal durchläuft.

$$\left.\begin{array}{l}9,3\\9,3\\9,5\\9,5\\9,5\end{array}\right\}\text{Mittel} = 9{,}42 = 3{,}768 \quad \left.\begin{array}{l}10,0\\10,0\\10,7\\10,5\\11,0\end{array}\right\} 10{,}5 = 4{,}20$$

Die Zeit, in welcher die Welle die Röhre ein Mal durchlief, betrug

bei d. 1. Wege   1,86 ⎫ 1,88 =   bei d. 1. Wege   2,42 ⎫ 2,23 =
bei d. 2. od. 3. Wege 1,78 ⎬ 0,752   bei d. 2. od. 3. Wege 1,94 ⎬ 0,692
bei d. 4. od. 5. Wege 2,00 ⎭ Sec.   bei d. 4. od. 5. Wege 2,10 ⎭ Sec.

---

[*] Ausser den mitzutheilenden zwei Reihen von Versuchen bei dem höchsten und niedrigsten von uns angewendeten Wasserdrucke wurden noch mehrere Reihen von Versuchen bei einem mittleren Drucke gemacht, die übereinstimmende Resultate gaben.

Anwendung d. Wellenlehre auf d. Lehre v. Kreislauf d. Blutes. 19

[180] Geschwindigkeit, mit welcher die Welle dieselbe mit Wasser erfüllte Röhre aus vulkanisirtem Kautschuk durchläuft, wenn sie durch eine 3,5 m hohe Wassersäule gespannt wird und sich dadurch bis zu einer Länge von 9860 mm und bis zu einem Durchmesser von 41 mm ausgedehnt hat.

Positive Welle.   Negative Welle.

Zeit, in welcher die Welle die Röhre ein Mal durchläuft.

Zahl der Chronometerschläge.

2,0 ⎫
2,0 ⎪ Mittel
2,0 ⎬ 2,0 = 0,8 Secund.
2,0 ⎪
2,0 ⎭

2,0 ⎫
2,0 ⎪ Mittel
2,2 ⎬ 2,05 = 0,82 Secund.
2,0 ⎪
2,0 ⎭

Zeit, in welcher die Welle die Röhre drei Mal durchläuft.

6,2 ⎫
7,0 ⎪ Mittel
6,5 ⎬ 6,66 = 2,664 Secund.
6,8 ⎪
6,8 ⎭

7,0 ⎫
6,8 ⎪ Mittel
6,8 ⎬ 6,84 = 2,736 Secund.
6,8 ⎪
6,8 ⎭

Die Zeit, in welcher die Welle die Röhre ein Mal durchlief,
bei d. 1. Wege   2,0 ⎫ 2,16 = 0,864 Sec.   2,04 ⎫ 2,22 = 0,8888.
bei d. 2. od. 3. Wege 2,33 ⎭   2,4 ⎭

Resultate.

1) Die zunehmende oder abnehmende Grösse der Spannung der elastischen Röhre, welche dadurch hervorgebracht wurde, dass die Röhre bei dem Drucke einer hohen oder niedrigen Wassersäule abgeschlossen wurde, hat keinen sehr merklichen Einfluss auf die Geschwindigkeit der Wellen. Der geringe Einfluss aber, welcher noch wahrgenommen worden ist, besteht nicht darin, dass die Geschwindigkeit, mit der die Wellen in der elastischen, mit Flüssigkeit gefüllten Röhre fortschreiten, durch die grössere Spannung derselben vergrössert wird, sondern darin, dass die Geschwindigkeit der Wellen vermindert wird.[4]) Wenn die Röhre bei dem Drucke einer Wassersäule, welche 8 mm

[181] über der Oberfläche der Röhre hoch war, mit Wasser gefüllt und dann abgeschlossen worden war, so durchliefen die Bergwellen oder positiven Wellen die Strecke von 9620 mm in 0,752 Secunde.

Wenn die Röhre bei dem Drucke einer Wassersäule von 3,5 m mit Wasser gefüllt und dann abgeschlossen worden war, und wenn also hier die Spannung 437 Mal so gross war als im ersteren Falle, so durchliefen die Bergwellen oder positiven Wellen die Strecke von 9860 mm in 0,864 Secunde und also eine Strecke von 9620 mm in 0,843 Secunde.

2) Positive Wellen (Bergwellen oder Spannungswellen) und negative Wellen (Thalwellen oder Erschlaffungswellen) scheinen mit derselben Geschwindigkeit fortzuschreiten.

Die positiven Wellen durchliefen bei der
Spannung durch einen Wasserdruck von 8 mm
die Strecke von 9620 mm in . . . . 0,752 Secund.
die negativen Wellen in . . . . 0,892 »
                                Differenz 1,140 »

Die positiven Wellen durchliefen bei der
Spannung durch einen Wasserdruck von 3,5 m
die Strecke von 9860 mm in . . . . 0,864 Secund.
die negativen Wellen in . . . . 0,888 »
                                Differenz 0,024 »

3) Die verschiedene Grösse der lebendigen Kraft der Welle scheint nicht eine verschiedene Geschwindigkeit ihres Fortschreitens zu bedingen, denn die Welle schritt mit derselben Geschwindigkeit fort, es mochte, um eine Welle zu erregen, eine grosse oder eine kleine Abtheilung der Röhre zusammengedrückt werden, es mochte die Zusammendrückung geschwind oder langsam, mit grösserer oder geringerer Kraft geschehen und es mochte endlich die Röhrenabtheilung ganz zusammengedrückt werden, so dass dieselbe sich ganz entleerte, oder nur halb, so dass die Röhre an dem Orte, wo die Welle erregt wurde, sich nur etwa zur Hälfte entleerte. Hiermit stimmt überein, dass die Wellen sich nicht langsamer bewegen, nachdem sie schon einen grossen Weg zurückgelegt und durch die Reibung an lebendiger Kraft verloren haben.

4) Die Röhre aus vulkanisirtem, möglichst elastischem und dehnbarem Kautschuk erweiterte sich, während der Wasserdruck von 8 mm Druckhöhe bis zu 3,5 m Druckhöhe gesteigert [182] wurde, in ihrem Durchmesser von 35,5 mm bis zu 41 mm,

also um 5,5 mm oder um 0,154 ihres Durchmessers. Sie verlängerte sich von 9620 mm bis zu 9860 mm, also um 240 mm oder um 0,026 ihrer Länge. Die Vergrösserung der Länge der Röhre war demnach ziemlich 6 Mal kleiner als die Vergrösserung des Durchmessers.

5) Die Welle durchlief in dieser mit Wasser erfüllten Röhre im Mittel 11 472 mm in 1 Secunde.

6) Bei starker Spannung der Röhre verschwand die Wellenbewegung schneller als bei schwacher Spannung.

7) Wenn eine positive Welle (Bergwelle oder Spannungswelle) erregt wurde, so entstand nicht ohne besondere neue Ursache hinter derselben eine negative Welle (Thalwelle, Erschlaffungswelle).

Wir haben keine Versuche über die Geschwindigkeit der Wellen in Röhren von kleinem und grossem Durchmesser der Höhle gemacht. Aus der Theorie ergiebt sich aber, dass die Geschwindigkeit der Wellen bei zunehmendem Durchmesser der Höhle *caeteris paribus* grösser ist als bei einem geringeren Durchmesser.

Versuche über die Wellen in einem mit Wasser erfüllten Dünndarme.

Die Wellen in den Arterien sind nach den Gesetzen zu beurtheilen, welche aus der am Ende dieser Untersuchung später mitzutheilenden Theorie resultiren. Sehr abweichende Erscheinungen werden aber in Röhren beobachtet, deren sehr beugsame Wände gefaltet sind und aus geschlängelten Fäden bestehen, wenn die Röhren so mit Flüssigkeit erfüllt werden, dass sie nur schwach gespannt sind. Denn unter diesen Umständen erweitern sich die Röhren zunächst nicht durch eine Ausdehnung der Substanz ihrer Fasern, sondern durch eine Geradlegung und Entfaltung der Fasern und der Falten, und erst nachdem die Ausdehnung der Röhre den Grad erreicht hat, wobei die Geradlegung und Entfaltung erfolgt ist, wird die auf der Ausdehnung der Substanz beruhende Elasticität der Röhrenwandungen wirksam.[5]) Die mittlere und innere Arterienhaut besteht nicht aus jenen wellenförmig geschlängelten Fäden, welche die Bündel des Zellgewebes und der Sehnen bilden, sondern aus concentrischen, gleichartigen, elastischen Lamellen, die durch Fasernetze verstärkt sind, und nur [183] die äussere Haut der Arterien ist aus Zellgewebsfäden gebildet. Man muss sich daher sehr vorsehen, die Erscheinungen, die man bei der Wellenbewegung in den mit Wasser mässig ausgedehnten Därmen wahrnimmt, ohne Weiteres auf die Lehre vom Pulse anzuwenden. In dem mit Wasser erfüllten und durch den Druck einer 8 mm hohen Wassersäule gespannten, gerade gelegten Dünndarme schreiten die Wellen viel langsamer fort als in einer Röhre aus vulkanisirtem Kautschuk bei demselben Wasserdrucke. Die Geschwindigkeit der Welle in der Kautschukröhre ist beträchtlich mehr als 10 Mal grösser als im Darme.

Daher eignen sich die in einem mit Wasser erfüllten Darme erregten Wellen sehr, um die Wellen unmittelbar mit den Augen zu verfolgen und die den Wellen zukommenden Erscheinungen zu beobachten.*) Hier sieht man ohne Weiteres das Fortschreiten der positiven Wellen (Bergwellen oder Spannungswellen) und der negativen Wellen (Thalwellen oder Erschlaffungswellen); man sieht die Reflexion derselben an dem geschlossenen unbeweglichen Ende des Darms, wobei die Bergwelle sich nicht in eine Thalwelle verwandelt, sondern eine Bergwelle bleibt und umgekehrt; man sieht das ungestörte durch einander Hindurchgehen zweier Bergwellen, die in einer entgegengesetzten Richtung fortschreitend einander begegnen, oder zweier Thalwellen, oder auch die Interferenz, welche in dem Momente entsteht, wo eine Bergwelle und eine gleichgrosse Thalwelle in entgegengesetzter Richtung fortschreitend durch einander durchgehen und dann ihren Lauf weiter fortsetzen.

Setzt man zwischen die Enden des in der Mitte durchschnittenen Darms eine gleichweite horizontale Glasröhre ein, so beobachtet man in derselben die Bewegung der kleinen, im Wasser schwebenden Körperchen und erkennt dadurch die Bewegung der Wassertheilchen, während sie an der Bildung der durch diesen Ort hindurchgehenden Wellen Theil nehmen. Sie bewegen sich, während eine Bergwelle vorübergeht, in derselben Richtung ein Stück vorwärts, in welcher die Welle fortschreitet,

---

*) Ich habe daher seit einer Reihe von Jahren zu Anfange jedes Winterhalbjahrs einen menschlichen Speisekanal aus dem Körper herausgenommen, ihn möglichst gerade gelegt und mit Wasser angefüllt, theils um auf diese Weise meinen Zuhörern einen Ueberblick über die sämmtlichen Abtheilungen desselben zu verschaffen, theils um ihnen die Bewegung der Wellen in dehnbaren, mit Wasser erfüllten Röhren zu zeigen und dadurch die Lehre vom Pulse zu erläutern.

[184] wenn aber eine Thalwelle vorbeigeht, ein Stück in entgegengesetzter Richtung als die weiter fortschreitende Thalwelle. Man nimmt wahr, dass einer erregten Bergwelle eine kleine Thalwelle nachfolgt, wenn auch die Erregung so geschieht, dass dadurch unmittelbar keine Thalwelle entstehen kann, z. B. wenn man die Bergwelle dadurch erregt, dass man das Ende des gefüllten Darms plötzlich zusammendrückt und zusammengedrückt erhält. Eine solche nachfolgende Thalwelle ist ungefähr $1/5$ so gross als die vorausgehende Bergwelle. Man bestimmt dieses durch die Grösse der Bahn, in welcher die im Wasser schwebenden Theilchen rückwärts bewegt werden, während die Thalwelle vorübergeht. Denn aus der Amplitude der Bewegung dieser Theilchen können wir am besten die lebendige Kraft der Wellen und also die Grösse der Wellen beurtheilen.

Die Wellen in einem mit Wasser gefüllten, durch eine geringe Kraft gespannten Darme weichen aber in andern Stücken sehr ab von den Wellen in einer gespannten Kautschukröhre.

1) Die zunehmende oder abnehmende Spannung des Darms, welche dadurch hervorgebracht wird, dass der Darm bei dem Drucke einer höheren oder niederen Wassersäule erfüllt und dann geschlossen wird, hat einen sehr grossen Einfluss auf die Beschleunigung und Verlangsamung der in der Darmröhre fortschreitenden Wellen, und zwar in gleichem Grade bei den positiven als bei den negativen Wellen, wie folgende Tabelle zeigt.

Positiv	3.5	Negativ	6.0
»	3.5	»	6.0
»	4.0	»	6.0
»	4.2	»	6.5
»	5.0	»	7.0
»	4.5	»	7.5
»	5.0	»	8.0
»	5.0	»	8.0
»	5.2	»	9.0
»	5.5	»	9.0
»	5.8		

Bei den Kautschukröhren ist das gar nicht der Fall.

2) Positive Wellen (Bergwellen oder Spannungswellen), die dadurch erregt werden, dass das fixirte Ende des Darms durch einen Körper von bestimmter Länge mit möglichst gleicher Geschwindigkeit zusammengedrückt wird, schreiten beträchtlich [185] schneller fort als negative Wellen (Thalwellen oder Er-

schlaffungswellen, welche dadurch erregt werden, dass derselbe Körper, der das Ende des Darmes zusammengedrückt hatte, mit möglichster Geschwindigkeit aufgehoben wird. Diese grössere Langsamkeit der Thalwelle wurde auch dann beobachtet, wenn man das Ende des Darms nur bis auf die Hälfte seines Durchmessers zusammengedrückt hatte und dann den zusammendrückenden Körper möglichst schnell aufhob. Bei den von mir und *Th. Weber* ausgeführten Messungen verhielt sich die Geschwindigkeit der Bergwellen zu der der Thalwellen nahe wie $11 : 7$. In mit Flüssigkeit erfüllten Kautschukröhren schreiten positive und negative Wellen mit gleicher Geschwindigkeit fort.

3) Die verschiedene Grösse der lebendigen Kraft der Welle bedingte bei den Wellen in einem schwach gespannten Darme offenbar eine verschiedene Geschwindigkeit der Fortpflanzung, denn die Welle schritt z. B. mit einer sehr verschiedenen Geschwindigkeit fort, wenn, um eine positive Welle zu erregen, eine grössere Abtheilung der Röhre zusammengedrückt wurde, als wenn die Zusammendrückung nur in einer kleineren Abtheilung geschah; sie schritt ferner mit sehr verschiedener Geschwindigkeit fort, wenn die Zusammendrückung mit grösserer Kraft und daher schneller geschah, als wenn sie langsamer und mit geringerer Kraft ausgeführt wurde: die Welle schritt endlich langsamer fort, nachdem sie schon einen beträchtlichen Weg zurückgelegt hatte und durch die unvollkommene Elasticität und Reibung an lebendiger Kraft verloren hatte, als im Anfange, wo diese Schwächung noch nicht stattgefunden hatte. Bei Wellen in mit Flüssigkeit gefüllten Kautschukröhren haben alle diese Umstände keinen Einfluss auf die Geschwindigkeit der Wellen.

4) Die Wellen in dem schwach gespannten Darme nahmen, während sie sich fortbewegten, an Länge zu, namentlich war das bei den negativen Wellen sehr deutlich wahrzunehmen, wenn man die Zeit beobachtete, welche ein durch die Welle in Bewegung gesetztes, im Wasser schwebendes Körperchen brauchte, um seine Bahn zu durchlaufen. Wenn z. B. ein solches im Wasser schwebendes Körperchen nahe am Anfange des 1700 mm langen Darms 1,3 Zeiträume (welche der Chronometerschlag anzeigte) brauchte, um seine Bahn zu durchlaufen, während es durch eine negative Welle in Bewegung gesetzt wurde, bedurfte es hierzu nahe am Ende dieses Darms 2,7 bis 2,8. Nun weiss man, dass eine Welle genau in derselben Zeit um ihre Länge fortschreitet, in welcher ein durch die Welle in Bewegung

gesetztes Wassertheilchen seine Bahn durchläuft. Würde die Welle im Fortschreiten nicht retardirt, so würde man hieraus die Zunahme der Länge der negativen Welle während ihres Fortschreitens genau berechnen können.

Wellenbewegung in einer mit tropfbarer Flüssigkeit ausgedehnten elastischen Röhre, wenn die Flüssigkeit in einem Kreislaufe strömt.

Der Kreislauf des Blutes im lebenden Menschen geschieht in einer in sich selbst zurücklaufenden Röhrenleitung, die mit zwei Pumpenwerken versehen ist.

Wenn man Röhren aus vulkanisirtem Kautschuk oder in Ermangelung derselben einen gerade gelegten mit Wasser erfüllten Dünndarm in sich selbst zurückleitet und mit einem Pumpwerke versieht, so kann man den Kreislauf vereinfacht darstellen und dadurch viele Erscheinungen desselben anschaulich machen. Ich empfehle dazu folgende sehr einfache Einrichtung. Ein Stück Dünndarm, Fig. X h, vertritt die Stelle des linken Ventrikels. Dasselbe wird an seinem Eingange und an seinem Ausgange mit einem Ventile versehen, das bei $e\,b\,n$ und bei $f\,g\,k$ zu sehen ist und nach demselben Princip als die *Valvula mitralis* oder *tricuspidalis* eingerichtet ist und zu derjenigen Gattung von Ventilen gehört, der ich den Namen Röhrenventil gegeben habe, weil eine in eine zweite Röhre hineinragende kurze sehr beugsame Röhre das Hauptstück desselben bildet.[*]

---

[*] Damit man das Spiel des Ventils sehen könne, habe ich es auf folgende Weise gebildet: Ich nehme eine kurze hölzerne Röhre, Fig. XI c, und bringe ihr Ende in die Höhle eines kurzen Stückchens des Dünndarms b, binde den Anfang des Darms auf der Holzröhre fest und befestige an dessen freiem Rande drei Fäden n. Dieses Darmstück sammt der Holzröhre bringe ich nun so in eine kurze Glasröhre ein, dass der Darm in die Höhle der Glasröhre hineinragt, die Holzröhre aber den Eingang der Glasröhre verstöpselt. Fig. XII $e\,b\,d$. Soll nun diese Vorrichtung als ein Ventil wirken, so kommt es darauf an, dass sich das Darmstück nicht in die Holzröhre zurückstülpen könne. Dieses verhindere ich durch die erwähnten drei Fäden n, die am Ende der Glasröhre d befestigt werden. Denselben Zweck kann man dadurch erreichen, dass man an dem in die Glasröhre hinein-

[187] An der Röhre ee und am Ende der Glasröhre ii werden die Enden des in einer horizontalen Ebene liegenden Darms $aa'v'v$ angebunden und der ganze Apparat durch den Trichter l mit Wasser gefüllt. Drückt man nun bei v das dem Ventile nächste Stück des Darms und hierauf das Darmstück h momentan zusammen und wiederholt diese Zusammendrückung periodisch, so leistet r die Dienste der Vorkammer und h die Dienste der Herzkammer, bn die Dienste des Eingangventils (der Mitralklappe), gk die Dienste des Ausgangventils (der Semilunarklappe). Bei der Zusammendrückung des Darmstücks v weicht die darin eingeschlossene Flüssigkeit theils vorwärts in der Richtung nach eb aus und gelangt also dadurch in das Pumpwerk, theils weicht sie rückwärts in der Richtung vv' aus. Das die Stelle des Ventrikels vertretende Darmstück h wird hierdurch vollkommen mit Flüssigkeit gefüllt, ohne überfüllt zu werden; dieses zu bewirken ist im menschlichen Körper eben die Verrichtung des Atrii. Ich vergleiche in dieser Hinsicht die Dienste, die das Atrium im menschlichen Körper leistet, mit der Wirkung, welche die Methode beim Kornmessen gewährt, dass man auf den Scheffel mehr Korn schüttet, als er fassen kann, dass man aber den Haufen mit einem Streichholze abstreicht und nicht etwa Gewalt anwendet, um den Haufen durch Druck in den Scheffel vollends hinein zu zwängen; denn auf diese Weise wird der Scheffel immer gleichmässig gefüllt. Deswegen haben die

---

ragenden Darmstücke der Länge nach ein Paar Stäbchen befestigt. So oft sich die Flüssigkeit in der Richtung nbe bewegt, wird das Darmstück bei b zusammengedrückt und complett geschlossen, zugleich bewegt es sich daselbst um so viel, als es die Nachgiebigkeit der Fäden n gestattet, nach e zu. Durch dieses Ventil kommt in der Richtung nbe kein Tropfen hindurch, auch wenn die Druckhöhe sehr gross ist. Strömt die Flüssigkeit in entgegengesetzter Richtung, so öffnet sich das Darmstück und bewegt sich ein wenig in der Richtung bn. Dasselbe Spiel des Ventils tritt auch ein, wenn keine Strömung des Wassers, sondern nur die mit der Bewegung des Wellenbergs und des Wellenthals verbundene Bewegung der Wassertheilchen stattfindet. Wenn sich ein Wellenberg dem Ventile entgegen und also in der Richtung nbe bewegt, so sieht man deutlich, wie sich das Ventil schliesst; wenn sich dagegen eine Thalwelle in derselben Richtung bewegt, so sieht man deutlich, wie sich das Ventil öffnet. Ich werde hierauf später zurückkommen und zeigen, dass die Thalwellen oder Erschlaffungswellen, welche sich vom Ventrikel und Atrium aus in die Venen hinein fortpflanzen, durch die Venenklappen nicht gehindert werden, in den Venen aus den Stämmen in die Zweige fortzuschreiten, wohl aber die Bergwellen, die durch die Zusammenziehung des Atrii in den nächsten Venenstücken erregt werden.

in das Atrium unseres Körpers sich mündenden Venen keine Ventile, denn hätten sie Ventile, so müsste alles Blut des erfüllten Atrii [188] in den Ventrikel hinein, da es nicht rückwärts in die Venen ausweichen könnte, und dann hinge es wieder vom Zufalle ab, wie vollkommen oder unvollkommen sich das Atrium jedes Mal mit Blut füllte.

Bei der Zusammendrückung von h schliesst sich sogleich das Ventil bn und hindert die Flüssigkeit nach v auszuweichen und daselbst eine Bergwelle zu erzeugen; alle Flüssigkeit wird daher in der Richtung nach gka gedrängt. Wäre aa' eine völlig erfüllte unausdehnbare Röhre, so könnte die Flüssigkeit nicht eher nach a eindringen, bis die ganze Flüssigkeitssäule $aa'v'v$ in allen ihren Theilen gleichzeitig in Bewegung geriethe und in allen ihren Abtheilungen mit einer bestimmten Geschwindigkeit in der Richtung nach dem erschlafften v zu um so viel fortbewegt würde, als der aus h ausgepresste Theil der Flüssigkeit Raum in a einnähme. Es würde also hierdurch keine Welle, sondern eine Strömung der Flüssigkeit entstehen, die so lange dauerte, als die Zusammenziehung von h.

Da nun aber $aa'v'v$ eine ausdehnbare elastische Röhre ist, so geschieht die Verschiebung der Flüssigkeitstheilchen **successiv**, und die von e ausgetriebene Flüssigkeitsmenge findet zunächst in dem sich ausdehnenden Theile von a Platz und erzeugt daselbst eine **positive** Welle (Spannungswelle oder Bergwelle), welche mit einer gewissen Geschwindigkeit nach $a'v'v$ fortschreitet. Wäre bei gk kein Ventil vorhanden und hörte die Zusammendrückung in h sogleich nach der Austreibung der Flüssigkeit auf, so würde die gespannte Röhre a sogleich einen Theil der Flüssigkeit nöthigen, rückwärts nach h auszuweichen, und hierdurch würde in a eine **negative** Welle (Thalwelle oder Erschlaffungswelle) entstehen, welche der vorausgegangenen Bergwelle nachfolgen und mit einer gewissen Geschwindigkeit nach $a'v'v$ fortschreiten würde. Bei gänzlich mangelnden Ventilen würden die Flüssigkeitstheilchen in $aa'v'$, während diese negative Welle (Erschlaffungswelle) hindurchginge, um ein eben so grosses Stück rückwärts bewegt werden, als sie sich vorher, während die positive Welle (Spannungswelle) hindurchging, vorwärts bewegt hätten, und die Flüssigkeitstheilchen würden also an ihren Ort zurückkehren. Da nun aber das Ventil gk das Zurückweichen der Flüssigkeit nach h nicht gestattet, so folgt auf die positive Welle keine negative Welle, sondern die periodisch sich wiederholenden Zusammendrückungen von h bringen in a nur positive Wellen hervor, und jede [189] positive Welle bewegt die Flüssigkeitstheilchen in dem Sinne des Pfeils a in $aa'v'v$ ein Stückchen nach vh zu fort und hilft so die Flüssigkeit im Kreise herum bewegen, ohne dass sie durch Strömen fort fliesst.

Wir haben bis jetzt untersucht, was zu Folge der Zusammendrückung der Röhrenabtheilung h, welche die Stelle des Herzventrikels vertritt, und vermöge der Mitwirkung der beiden benachbarten Ventile in der Röhre $aa'v'v$ geschieht, dass nämlich eine positive Welle entsteht, die verhindert wird, unmittelbar nach v zu gelangen und also nur $aa'v'v$ durchläuft, ohne dass ihr eine negative nachfolgt. Wir wollen nun sehen, welche Wirkungen die Erschlaffung der die Stelle des Ventikels vertretenden Röhrenabtheilung h bei der Mitwirkung der beiden Ventile hervorbringt. Sobald das Herz h erschlafft, so würde sich, wenn keine Ventile vorhanden wären, die gepresste Flüssigkeit gleichzeitig von beiden Seiten her, nämlich von a und von v nach h hereinstürzen und zwei negative Wellen hervorbringen, von welchen die eine nach aa', die andere nach vv' fortschritte. Da nun aber das Ventil gk sich der negativen Welle verschliesst, dagegen das Ventil bn nach n sich ihr öffnet, so kann die Flüssigkeit nur von v her nach h hereindringen und dadurch eine negative Welle bilden, die nach vv' fortschreitet. Man sieht hieraus, dass die mit dem Herzen h in Verbindung stehenden Ventile die Wirkung haben, dass bei der periodisch abwechselnden Zusammendrückung und Erschlaffung von h positive Wellen nur nach aa', negative nur nach vv' ausgehen. Beide Classen von Wellen bewegen die Flüssigkeitstheilchen in demselben Sinne, nämlich die positive Welle in der Richtung des Pfeils a und die negative Welle in der Richtung des Pfeils r. Wären keine Ventile gebildet, so würden nach beiden Seiten hin sowohl positive als negative Wellen gehen, und die negative Welle, die jeder positiven dann nachfolgte, würde die Bewegung aufheben, welche die positive Welle hervorbrächte; auf diese Weise würde die Flüssigkeit im Canale an ihrem Orte bleiben und kein Kreislauf entstehen. Da nun aber die positiven Wellen nur nach aa', die negativen nur nach vv' gelangen, so unterstützen sich beide Classen von Wellen und beide bringen den Kreislauf hervor. Gerade so verhält es sich auch im menschlichen Körper. Dass man beim Menschen die negativen Wellen nicht als Puls fühlen kann, liegt darin, dass die Venen nicht so sehr angespannt sind [190] als die Arterien, und dass die Dilatation des Ventrikels und Atrii nicht so rasch geschieht als die Contraction derselben.

Ist der Röhrenzirkel $h\,a\,a'\,v'\,c$ nirgends beengt, so durchläuft jede positive Welle mit einer grossen Geschwindigkeit den ganzen Röhrenzirkel und bewirkt, dass sich schon, ehe eine neue Zusammendrückung von h erfolgt, in dem ganzen Röhrenzirkel die Flüssigkeit ins Gleichgewicht setzt, so dass überall ein gleicher Druck vorhanden ist. Anders verhält es sich, wenn in der Glasröhre pp ein Waschschwamm c angebracht wird, der die Röhre verstopft und hier dasselbe bewirkt, was bei dem Kreislaufe des Blutes die Capillargefässe.*) Dann kann die Flüssigkeit daselbst wegen der Friction nicht so schnell hindurch dringen, als zur Fortpflanzung der ganzen positiven Welle erforderlich ist. Die Wellenbewegung wird daher durch den Schwamm reflectirt und unmerklich gemacht, auf ähnliche Weise, wie sie im lebenden Menschen durch die Capillargefässe reflectirt und unmerklich gemacht wird, so dass man in regelmässigem Zustande in den Venen den Puls nicht mehr wahrnehmen kann. Wiederholt sich nun die periodisch erfolgende Zusammendrückung von h schnell genug, so entsteht in $a\,a'$ eine Anhäufung der Flüssigkeit, denn mit jeder Zusammendrückung (Systole) des Herzens h wird eine neue Quantität Flüssigkeit nach $a\,a'$ eingetrieben, während in derselben Zeit nicht so viel Flüssigkeit durch den Schwamm c nach v' hinüber dringen kann. In $v\,v'$ aber entsteht bei jeder Diastole des Herzens h eine noch grössere Verminderung der Flüssigkeit, weil aus v mehr Flüssigkeit in das Herz h hinübertritt, als von a' durch den Schwamm c nach v' gelangt. Auf diese Weise nimmt die Menge der Flüssigkeit in $a\,a'$ so lange zu und in $v'\,c$ so lange ab, bis der Unterschied des Drucks, den die Flüssigkeit in $a\,a'$ und in $v'\,c$ erleidet, so gross ist, dass von einer Zusammendrückung des Herzens h zur andern gerade so viel Flüssigkeit durch den Schwamm dringt, als von h nach a hingetrieben wird. Ist dieser Grad der Differenz des Drucks in den beiden Abtheilungen des Röhrenzirkels eingetreten, so kann nun, wenn auf gleiche Weise in c fortgepumpt wird, ein beharrlicher Zustand eintreten, bei welchem der Druck, den die Flüssigkeit vor dem Schwamme in

---

*) Noch zweckmässiger ist es, so wie *Volkmann*, eine siebartige Scheidewand anzubringen, die man aus feinmaschigem Tüll bilden kann, den man einfach oder mehrfach über das Lumen der Glasröhre ziehen und festbinden kann. Siehe *Volkmann*'s Haemodynamik p. 295.

aa' erleidet und ausübt, vielleicht 10 Mal grösser ist als hinter dem Schwamme in $v'v$. Wie gross die Druckdifferenz sein müsse, damit sich ein beharrlicher Zustand herstellt, hängt von der Grösse des Hindernisses ab, welches der Schwamm dem Durchgange der Flüssigkeit entgegensetzt, und dieses hängt *caeteris paribus* (d. h. z. B. wenn die Klebrigkeit des Blutes und andere solche Umstände dieselben sind) wieder davon ab, wie eng, wie lang die engen Wege und wie zahlreich diese Wege sind, die die Flüssigkeit durch den Schwamm zu durchlaufen hat, denn der Grad der Engigkeit jener Wege und die Länge der engen Strecke vermehren, die grössere Zahl der Wege dagegen vermindert das Hinderniss, das der Fortbewegung der Flüssigkeit entgegen steht, und dieselben Umstände sind es auch, welche das Hinderniss für den Durchgang des Blutes durch die Haargefässe bei den lebenden Menschen vergrössern und verkleinern.

Sobald nun ein in Betracht kommender fortdauernder Druckunterschied in den beiden Röhrenabtheilungen aa' und $v'v$ eingetreten ist, so wird die Bewegung der Flüssigkeit aus der Röhrenabtheilung aa' nach $v'v$ nicht mehr bloss durch die Wellen, sondern zugleich auch durch Strömung bewirkt, und die Flüssigkeit fährt daher noch einige Zeit fort, sich von aa' nach vv' zu bewegen, wenn auch das Pumpwerk h still steht.

Man sieht an dem vereinfachten Modelle des Kreislaufs, dass das Pumpwerk h (das Herz) den mittleren Druck[*], den die in dem Röhrenzirkel eingeschlossene Flüssigkeit auf die Röhrenwände ausübt, nicht vermehren, sondern dass es denselben nur ungleich machen könne, indem es durch sein Pumpen den Druck in den Venen $v'v$, aus welchen es Flüssigkeit hinwegnimmt, vermindert, in den Arterien aber, in welche es dieselbe Flüssigkeit hineindrängt, vermehrt[**]. Der mittlere Druck der Flüssigkeit kann in diesem Modelle nur dadurch vergrössert werden, dass man die Röhre durch den Trichter l durch hinzugegossene Flüssigkeit noch mehr erfüllt.

Der mittlere Druck, den das Blut in unserem Gefässsysteme auf die Wand der Röhren ausübt,[a] hängt also nicht vom

---

[*] Den mittleren Drucke würde man bei dem Modelle kennen lernen, wenn man den Druck von Zoll zu Zoll mässe, die gefundenen Zahlen addirte und die Gesammtsumme durch die Zahl der Zolle dividirte.

[**] Diesen so kurz und klar ausgedrückten Gedanken hat mein Bruder *Eduard* schon vor vielen Jahren gegen mich ausgesprochen.

Herzen, sondern von dem Uebergewichte ab, welches die Resorption von Flüssigkeit durch die Blutgefässe und Lymphgefässe über die Secretion, über das Durchschwitzen von Flüssigkeit durch die Wände der Röhren des Gefässsystems und über die Verdunstung hat.[7]) Der Trichter l stellt also bildlich die Lymphgefässe und überhaupt die resorbirenden Gefässe dar, während $a\,a'$ die Arterien und $v'\,v$ die Venen und der Schwamm c die Capillargefässe, insofern sie enge Uebergangswege aus den Arterien in die Venen sind, vertritt. Die Einrichtung unsers Gefässsystems, vermöge deren der Röhrenzirkel, dessen Wände namentlich in den Haargefässen die Flüssigkeit so überaus leicht hindurchdringen und heraustreten lassen, dennoch durch die in ihm enthaltene Flüssigkeit nicht nur gefüllt, sondern mit so grosser Kraft gespannt ist und fortwährend gespannt erhalten wird, muss uns in Erstaunen setzen. Weder in den Pflanzen noch sonst im Körper der Thiere finden wir seines Gleichen. Durch Endosmose ist dieses nicht zu erklären. Denn ein einseitiger, von innen nach aussen gehender Druck wirkt der durch Endosmose zu bewirkenden Aufnahme von Flüssigkeit in die Gefässe entgegen. Auch kann sich die Menge der in den Gefässen befindlichen Substanz, welche eine Anziehung gegen das Wasser ausübt und dieses in die Gefässe hereinzieht, durch die Endosmose nur vermindern, nicht vermehren. Es muss daher solche Substanz noch durch andere Kräfte als durch Endosmose, vielleicht durch eine noch nicht gekannte Einrichtung der Lymphgefässe in das Gefässsystem eingeführt werden.[8])

Es scheint uns nicht zu gelingen, durch Trinken von grossen Mengen Wasser oder durch Einspritzen von reinem Wasser in die Adern jenen mittleren Druck zu vergrössern. Das in die Adern aufgenommene Wasser wird so schnell aus den Haargefässen der Nieren in die Harncanäle ausgeschieden, oder von dem die Haargefässe umgebenden Zellgewebe imbibirt, dass dadurch eine wahrnehmbare Steigerung des Blutdrucks nicht zu entstehen scheint. Nach den von *Magendie**) und *Poiseuille* gemeinschaftlich ausgeführten Versuchen vermehrt warmes Wasser den Druck des Blutes in den Arterien oder in den Venen nicht. Sogar Blut, dem der Faserstoff vorher entzogen worden ist (defibrinirtes Blut), wird nicht in den Gefässen [193] zurückgehalten, die Gewebe saugen sich voll und schwellen davon an.[9]) Bei nicht defibrinirtem Blute ist das nicht der Fall.

---

*) *Magendie* in Comptes rendus 1838 Jun. p. 55.

Im Leichnam gelingt es nach den von mir gemachten und oft wiederholten Versuchen wegen des Durchschwitzens des in die Adern eingespritzten Wassers durch die Haargefässe und wegen der Imbibition des Zellgewebes nicht, auch nur auf eine Minute die Blutgefässe so mit reinem Wasser zu füllen, dass der Druck der Flüssigkeit auf die Wände der Arterien halb so gross wäre, als er während des Lebens ist. Es ist so, als wären die Haargefässe ein Sieb, das das Wasser augenblicklich wieder austreten liesse; der ganze Körper wird unter den Händen wassersüchtig, und die Spannung der Arterien vergeht, so wie man zu spritzen aufhört, und nur ein kleiner Theil des Wassers gelangt bis in die grossen Venen, so leicht auch an und für sich der Uebergang des Wassers aus den Arterien in die Venen geschieht.*)

---

*) Diese Verhältnisse machen, wie mir scheint, die von *Valentin* geistreich erdachte und sogar versuchte Methode, die Menge des Blutes in dem Körper eines Säugethiers zu bestimmen, unanwendbar. *Valentin* nimmt z. B. von einem Hunde eine Blutprobe und bestimmt durch Verdunsten des Wassers den Gehalt derselben an festem Stoffe und an Wasser und also die Proportion, in der beide Bestandtheile vorhanden sind. Hierauf spritzt er eine bestimmte Menge Wasser in die Venen des lebenden Thieres ein und nimmt an, dass sich dieses vollkommen mit dem circulirenden Blute mische. Dann nimmt er wieder eine Blutprobe von dem dadurch verdünnten Blute und bestimmt wieder den Gehalt an festem Stoffe und an Wasser. Aus der Aenderung der Proportion dieses Gehalts durch eine bestimmte Menge eingespritztes Wasser lässt sich die Menge des Blutes berechnen, mit der sich das eingespritzte Wasser vermischt hat. Ueber die Erscheinungen, welche die Einspritzung des Wassers hervorgebracht hat, über den etwa eingetretenen Tod der Thiere und die Resultate der Section ist nichts angegeben, nur so viel sieht man, dass zu jedem der angeführten Experimente ein anderer Hund gebraucht worden ist. Es wäre aber sehr zu wünschen gewesen, dass das Thier sogleich, nachdem die zweite Blutprobe genommen worden, getödtet und genau untersucht worden wäre, theils um sich durch ausreichende Versuche zu überzeugen, dass das eingespritzte Wasser sich gleichmässig mit der ganzen Blutmasse gemischt habe, theils um darüber gewiss zu werden, dass keine Ausschwitzung von Wasser in die Lungen, in die Gedärme, in das Zellgewebe und keine reichliche Secretion von Wasser durch die Nieren stattgefunden habe. Denn mischt sich das eingespritzte Wasser nicht sogleich vom Anfange mit dem Blute, oder dringt es in beträchtlichen Mengen aus den Blutgefässen heraus, so ist die Methode unanwendbar. Man muss zugestehen, dass die Verhältnisse, unter welchen der an sich delicate Versuch angestellt werden kann, weit günstiger sind, wenn man Blut und Wasser in einem Glasgefässe zusammenrührt, als wenn man beide in den Blutgefässen eines Säugethieres zusammenbringt, deren Haargefässe Wasser ganz

[194] Diese Eigenschaft der Haargefässe, Wasser durch ihre Wände schnell durchschwitzen zu lassen, verhindert es, genaue Versuche über die Geschwindigkeit der Fortpflanzung des Drucks in den mit Wasser angefüllten Blutgefässen des Leichnams des Menschen anzustellen. Bei einem Selbstmörder wurde von mir eine weite, mit einem Manometer versehene Röhre in die Aorta über dem Zwerchfelle eingesetzt und das Gefässsystem durch Eingiessen von Wasser in das mit dieser Röhre in Verbindung stehende Spritzenrohr mit Wasser gefüllt. Der Druck, durch

---

leicht durch ihre Wände hindurchdringen lassen und von einer grossen Menge von schwammiger Substanz umgeben sind, welche das Wasser mit Begierde aufsaugt. Wenn man eine beträchtliche Menge von Wasser in die Venen spritzt, so bildet dasselbe eine Wassersäule, die sich nur da mit Blut vermengt, wo zwei Venen zusammenstossen, und auch an diesen Orten geht nur dann ein Zusammenfliessen von Blut und Wasser vor sich, wenn der Druck, mit welchem das Wasser eingespritzt wird, nicht grösser ist als der Druck, durch welchen das Blut in den Venen strömt. Denn ist der erstere Druck grösser als der letztere, so kann das Blut in die mit Wasser gefüllte Vene nicht herein, wo Klappen sind, schliesst sogar das Wasser die Klappen, und es findet nur insofern eine Vermischung von Blut und Wasser statt, als das Blut selbst eine Anziehung zum Wasser in der Berührung hat. Kommt nun das Wasser, ehe es sich mit dem ganzen in so verschiedenen Theilen des Körpers vertheilten Blute vollkommen gemischt hat, in die Haargefässe, so lassen diese dieses wässrige Blut viel leichter durch ihre zarten Wände hindurch als nicht verdünntes Blut, und das wässerige Blut dringt ausserdem deswegen in grosser Menge durch die Haargefässe, weil der Blutdruck in den Blutgefässen sehr erhöht wird, wenn die in dem Blutgefässsysteme eingeschlossene Flüssigkeit durch das eingespritzte Wasser wie hier um $1/8$ bis um $1/18$ ihres Gewichts vergrössert worden ist, und wenn das die Haargefässe umgebende Zellgewebe ein grosses Bestreben hat, die wässerigen Theile des Blutes an sich zu ziehen und einzusaugen. Vor allen Dingen scheint mir bei dem so schwierigen Versuche nothwendig, dass, um wenigstens eine Controle zu haben, in eine Arterie des zum Versuche dienenden Thiers ein Hämodynamometer eingebracht werde, denn sollte sich bei der Beobachtung desselben finden, dass das Quecksilber desselben nur wenig stiege oder schnell wieder sänke, während die Blutmenge durch Einspritzung von Wasser angeblich um $1/8$ oder $1/18$ vermehrt würde, so könnte man sicher sein, dass die Durchschwitzung wässerigen Blutes durch die Haargefässe sehr gross und die Methode unanwendbar sei. Diese Durchschwitzung ist am meisten zu fürchten, wenn das eingespritzte Wasser zum ersten Male in die Haargefässe kommt. Ist es mehrmals durch die Haargefässe hindurch gegangen, d. h. nach einer oder einigen Minuten, so kann das im Blute gebliebene Wasser ziemlich gleichmässig vertheilt sein, und aus dieser gleichmässigen Vertheilung darf nicht der Schluss gezogen werden, dass der Versuch gelungen sei.

welchen das Wasser [195] in den Blutgefässen vorwärts getrieben wurde, wurde durch die senkrechte, 1 Fuss bis 1½ Fuss betragende Höhe der Flüssigkeitssäule hervorgebracht, welche die Röhre und das Spritzenrohr erfüllte, denn diese Röhren wurden durch Nachgiessen immer voll erhalten. Als nun das Wasser aus einer in die Mündung der *Vena cava inferior* eingebundenen, etwa 3 Zoll ansteigenden Röhre fortwährend auströpfelte, wurden plötzlich 397 Gramm Wasser durch das Niederdrücken eines Stempels aus der Spritzenröhre in die Aorta in der Zeit von ungefähr einer Secunde eingetrieben. Dabei stieg zwar das im Manometer enthaltene Quecksilber, so lange das Spritzen dauerte; fiel aber, sowie der Stempel niedergedrückt war, wieder. Schon 1¼ Secunde nach dem Anfange der Bewegung des Stempels floss das vorher nur tröpfelnde Wasser aus der in die *Vena cava* eingebundenen Röhre in einem continuirlichen Strome aus, der ungefähr 7 bis 8 Secunden fortdauerte, während das Einspritzen nur 1 Secunde gedauert hatte. Denn nach Ablauf dieser Zeit trat das Wasser wieder nur tropfenweise aus. Es war nicht möglich, die Blutgefässe auch durch schnell wiederholtes Einspritzen so zu füllen, dass das Manometer sich auch nur kurze Zeit auf einer Höhe erhalten hätte, die dem Drucke einigermaassen nahe gekommen wäre, den man während des Lebens in den Arterien beobachtet. Dabei erfolgte eine reichliche Ausschwitzung von Wasser in dem Unterleibe. Es ist also wohl zu merken, dass, ungeachtet die *Vena cava* und ihre Zweige nur so erfüllt waren, dass der Wasserdruck im Ende der *Vena cava inferior* ungefähr dem einer 3 Zoll hohen Wassersäule gleich kam, doch der Druck sich so schnell aus der Aorta durch die Haargefässe bis in die *Vena cava* verbreitete, dass das Wasser, welches bis jetzt nur tropfenweise aus der 3 Zoll ansteigenden *Vena cava inferior* ausgeflossen war, 1¼ Secunde nach dem Anfange des Einspritzens in einem Strome aus derselben hervortrat, der 7 bis 8 Secunden continuirlich fortdauerte, während das Einspritzen in einer Secunde geschah, so dass also der in der Aorta hervorgebrachte Druck einen sieben bis acht Mal länger dauernden erhöhten Druck in der *Vena cava inferior* zur Folge hatte.

[196] **Geschwindigkeit der Pulswellen im Körper des Menschen und ihre Gestalt.**

Nach den von mir vor 23 Jahren bekannt gemachten Versuchen*) wird das Anschlagen der Pulswelle in der *Arteria maxillaris externa*, da, wo sie bei mir an die untere Kinnlade angedrückt werden kann, jeder Zeit etwas früher gefühlt als an dem über den Fussrücken laufenden Endzweige der *Arteria tibialis antica*. Der Unterschied der Zeit beträgt nach meiner Schätzung etwa $1/6$ bis $1/7$ Secunde. Die Pulswelle braucht also $1/6$ bis $1/7$ Secunde mehr, um vom Ursprunge der Carotis aus der Aorta bis zum Fussrücken (bis zu dem *Os cuneiforme primum*) fortgepflanzt zu werden, als um von dem Ursprunge der Carotis bis zu der unteren Kinnlade fortzuschreiten. Der letztere Raum beträgt ungefähr 150 mm, während der Abstand der *Arteria maxillaris externa* von dem erwähnten Theile des Fussrückens 1620 mm. Zieht man also 2 Mal 150 mm = 300 mm von 1620 mm ab, so erhält man 1320 mm als den Weg, den die Pulswelle in $1/6$ oder $1/7$ Secunde durchläuft. Nimmt man die Bestimmung von $1/7$ Secunde als richtig an, so durchlief bei mir die Pulswelle in 1 Secunde 9240 mm oder ungefähr $28 1/2$ Fuss Par. Maass. Die Geschwindigkeit, welche die Welle in der mit Wasser gefüllten Kautschukröhre aus vulkanisirtem Kautschuk hatte, die bei meinen Experimenten gebraucht wurde, betrug 11250 mm in 1 Secunde oder ungefähr $34 1/2$ Fuss, und die Geschwindigkeit der Fortpflanzung der Welle in Kautschuk scheint also nicht sehr verschieden von der in den Arterien zu sein.

Bei dieser grossen Geschwindigkeit, mit welcher die Pulswelle fortschreitet, darf man sie sich nicht als eine kurze Welle vorstellen, die längs der Arterien fortläuft, sondern so lang, dass nicht einmal eine einzige Pulswelle Platz in der Strecke vom Anfange der Aorta bis zur Arterie der grossen Fusszehe hat. Nehmen wir an, dass die die Pulswelle erzeugende Zusammenziehung des Ventrikels $1/3$ Secunde daure, so ist der Anfang der Pulswelle schon 3080 mm oder mehr als 9 Pariser Fuss weit [197] fortgeschritten, während das Ende derselben in der Aorta

---

*) *E. H. Weber*, Programma: Pulsum arteriarum non in omnibus arteriis simul, sed in arteriis a corde valde remotis paulo serius quam in corde et in arteriis cordi vicinis fieri. Lipsiae d. 20. mens. Nov. 1827, 4 recns. in Annotationes anatomicae et physiologicae, de pulsu resorptione auditu et tactu, Lipsiae 1834 apud *Köhler*, p. 1.

soeben entsteht. Der Anfang der Pulswelle ist schon unwahrnehmbar geworden durch vielfache Reflexion und grosse Friction in den kleineren Arterien und Haargefässen, ehe noch das Ende derselben im Anfange der Aorta entstanden ist.*, [10]) An den unzähligen Theilungswinkeln und an allen Orten, wo ein merklicher Widerstand geleistet wird, werden, wie man aus der Theorie der Wellen weiss, Theile der Welle reflectirt, die das Arteriensystem in entgegengesetzter Richtung nach der Aorta zu durchlaufen und eine gleichmässigere Anspannung des Arteriensystems hervorbringen müssen.

Ueber die Reibung, die das circulirende Blut in den Blutgefässen erleidet, und über die Grösse des Seitendrucks, den das Blut dabei auf die Wände der Gefässe ausübt.

Mit diesem Gegenstande hat sich der berühmte Physiker *Thomas Young***) beschäftigt und vorher als Vorbereitung dazu eine sehr umfangreiche theoretische und experimentelle hydraulische Untersuchung über die Bewegung tropfbarer Flüssigkeiten in starren und in dehnbaren elastischen Röhren ausgeführt.

Er hat in derselben über die Friction und Geschwindigkeit des in geraden und krummen, in engen und weiten, in kurzen und langen Röhren strömenden Wassers, ferner über die Fortpflanzung eines Impulses durch eine mit tropfbarer Flüssigkeit erfüllte elastische Röhre und die Abnahme der Grösse einer sol-

---

*) Diese Beschreibung der Gestalt der Pulswellen steht nicht mit den Abbildungen im Widerspruche, welche *Ludwig* und *Volkmann* von ihnen gegeben haben, indem sie dieselben mittelst des von *Ludwig* erfundenen Kymographion sich selbst abbilden liessen. Denn das Instrument ist so eingerichtet, dass es die Länge der Welle ausserordentlich verkürzt. Bei *Volkmann*, Taf. VII und VIII, sind die Pulswellen so gezeichnet, als schritten sie in 1 Secunde 6 mm fort, während sie nach meinen Bestimmungen 9240 mm fortgehen; sie sind also im Bilde ungefähr 1540 Mal kürzer dargestellt, als sie in der Wirklichkeit sind.

**) *Thomas Young* M. D. Hydraulic investigations, subservient to an intended Croonian Lecture on the Motion of the Blood. Read May 5. 1808. Philos. Transact. 1808. P. II p. 164 und The Croonian Lecture, on the Functions of the Heart and Arteries. Read Nov. 10. 1808. Philos. Transact. 1809, P. I, p. 1.

chen Pulswelle, die sich divergirend ausbreitet, an verschiedenen [198] Punkten ihres Wegs gehandelt. Bei seiner Untersuchung über den Widerstand, welchen das Wasser in starren Röhren zu überwinden hat, hat er ausser seinen eigenen Versuchen die Experimente berücksichtigt, welche schon vor ihm *Couplet*, *Bossut* und *Dubuat* hierüber angestellt haben, so wie auch *Gerstner*'s Versuche über die Verschiedenheit des Widerstandes, wenn das Wasser wärmer oder kälter ist. Um den Einfluss der Klebrigkeit der Flüssigkeiten zu erörtern, machte er Versuche mit Milch und Zuckerwasser und wendete diese physikalischen Forschungen auf den Kreislauf des Blutes in lebenden Thieren an, indem er sich hierbei hauptsächlich auf die Untersuchungen von *Stephanus Hales* stützte.

Eins von den von *Young* gewonnenen Resultaten, welches uns hier vorzüglich interessirt, ist dieses, dass der Widerstand, welchen das Blut zu überwinden hat, um sich durch die Arterien zu bewegen und aus ihnen in die Venen überzugehen, fast ganz entsteht durch die Reibung, die es in den kleinsten Arterien, Haargefässen und in den kleinsten Venen erleidet. Aus den mit engen und weiten Glasröhren angestellten Versuchen geht nämlich nach *Young* mit Gewissheit hervor, dass, wenn Wasser in unsern Adern circulirte, der Widerstand, den dasselbe von der Aorta an bis in die Arterien von einem Durchmesser von $1/172$ engl. Zoll erleiden würde, so gering sein würde, dass es in einer senkrechten Glasröhre, die man in die Wand einer Arterie von $1/172$ Zoll Durchmesser einsetzte, nur um 2 Zoll weniger hoch steigen würde, als in einer Röhre, die in die Wand der Aorta eingesetzt würde; und wenn also das Wasser in dieser letzteren 7 Fuss 6 Zoll hoch stiege, so würde es in einer den Haargefässen näheren Arterie von $1/172$ Zoll Durchmesser 7 Fuss 4 Zoll hoch steigen. Nach *Young*'s Versuchen ist die Friction, welche Milch in Glasröhren erleidet, 3 mal so gross als bei dem Wasser, und die Friction des Zuckerwassers, das 1 Theil Zucker in 5 Gewichtstheilen Wasser enthält, ist 2 mal so gross. Nach einigen von *Hales* beobachteten Thatsachen vermuthet *Young*, dass die Reibung des Blutes ungefähr 4 mal so gross sei als die des Wassers, und dass also Blut in einer senkrechten Röhre, die in eine Arterie von $1/172$ Zoll Durchmesser eingesetzt würde, ungefähr 8 Zoll weniger hoch steigen würde, als in einer in die Aorta eingebrachten senkrechten Röhre.

Zu demselben Resultate als *Young*, dass nur ein sehr geringer Theil des Widerstandes, den das circulirende Blut erleide,

[199] in den weiteren Gefässen entstehe, ist auch *Poiseuille**) durch seine Versuche geführt worden. Derselbe untersuchte in Glasröhren den Einfluss, welchen der Druck der Flüssigkeit, die Länge der Röhre, der Durchmesser derselben und endlich die Temperatur ausüben, um die Menge der Flüssigkeit zu vermehren oder zu vermindern, welche in einer gegebenen Zeit durch eine enge Röhre fliesst, und dasselbe Resultat ergaben die von ihm mitgetheilten Messungen des Blutdrucks in den Arterien lebender Säugethiere.**) Es wurde der Blutdruck beim Pferde in der *Arteria carotis*, deren Durchmesser 10 mm betrug und die sich in einer Entfernung von 976 mm oder ungefähr 3 Pariser Fuss vom Herzen befand, ebenso gross gefunden, als der in einer Arterie eines Schenkelmuskels desselben Thieres, deren Durchmesser nur 2 mm und deren Entfernung vom Herzen 1710 mm betrug, die also um 734 mm oder 2 Fuss 3 Zoll weiter vom Herzen entfernt war als die Carotis. In beiden Arterien betrug der durch das Hämodynamometer angezeigte Seitendruck des Blutes auf die Wände 146,68 mm. Der Blutdruck in der *Arteria cruralis* eines Hundes war eben so gross als in der *axillaris*, obgleich sie 393 mm vom Herzen entfernter war als diese; ebenso verhielt es sich in der *Arteria humeralis* und *carotis* eines anderen Hundes, wiewohl diese letztere dem Herzen um 190 mm näher war. Bei einem dritten Hunde war der Blutdruck in der *Arteria carotis* und *cruralis* gleich, obgleich die letztere um 335 mm dem Herzen näher war als die erstere. Bei einem vierten Hunde betrug der Druck in der *Arteria carotis* und gleichzeitig in der *humeralis* 179,04 mm, obgleich die letztere Arterie 95 mm weiter entfernt vom Herzen war als die erstere.

*Volkmann***) hat sich, unstreitig weil er den physikalischen

---

*) J. L. M. *Poiseuille*, Recherches sur le mouvement des liquides dans les tubes de très-petit diamètre. Comptes rendus 1840 Décembre p. 961, 1842 p. 460, 1843 *Janvier* p. 60 und in *Poggendorff*'s Annalen der Physik 1842. p. 424.

**) *Poiseuille*, Recherches sur la force du coeur aortique à Paris 1828. p. 32—36. Jedes dieser Resultate ist zwar das Mittel aus vielen Beobachtungen, dessen ungeachtet muss es aber auffallen, dass eine völlige Gleichheit des Blutdrucks, die sogar noch in der zweiten Decimalstelle vorhanden war, gefunden wurde, die, wie schon *Volkmann* sehr wahr bemerkt hat, unter den vorliegenden Verhältnissen nicht möglich ist.

***) A. W. *Volkmann* in seinem Werke: Die Hämodynamik nach Versuchen. Nebst 10 Tafeln Abbildungen. Leipzig 1850. 8., in wel-

[200] Theil der *Young*'schen Arbeit nicht kannte, mit grosser Beharrlichkeit einer sehr mühevollen Experimentaluntersuchung über ähnliche hydraulische Aufgaben unterzogen, einer schwierigen Arbeit, die sich mehr für einen in hydraulischen Untersuchungen geübten, mit der Literatur der Hydraulik vertrauten, rechnenden Physiker, wie *Young* war, als für einen Physiologen eignet.

Die Resultate, zu denen er durch seine Untersuchungen geführt worden ist, weichen von den von *Young* erhaltenen sehr ab. Er glaubt gefunden zu haben, dass Flüssigkeiten schon in kurzen und sehr weiten Röhren durch die Friction einen sehr merklichen Widerstand erleiden. Hätte *Volkmann* seine Versuche über den Seitendruck der in starren oder ausdehnbaren elastischen Röhren bewegten Flüssigkeiten unter Umständen gemacht, die denen, welche in den Arterien des Körpers der Säugethiere stattfinden, ähnlich gewesen wären, so würden unstreitig seine Resultate anders ausgefallen sein. Wenn er also in der Weise, wie er es bei dem S. 295 seines Werks von ihm beschriebenen Experimente gethan hat, in der Mitte seiner Röhrenleitung ein ähnliches Hemmniss für den Durchgang des Wassers angebracht hätte, als das ist, welches die Haargefässe im Körper der Säugethiere an der Uebergangsstelle des Arteriensystems in das Venensystem bilden, und wenn dann der Wasserdruck in der Röhre vor dem Hemmnisse 10 bis 12 mal grösser gewesen wäre als hinter demselben, wenn endlich das Wasser nur die geringe Geschwindigkeit des Blutes in den Arterien gehabt hätte, so würde an zwei entfernten Punkten des vor dem Hemmnisse gelegenen Röhrenstücks nur eine geringe Druckdifferenz stattgefunden haben.

Nach *Volkmann*'s[*]) directen Messungen des Blutdrucks in den Arterien und Venen lebender Thiere mittelst des Hämodynamometers und des Kymographion wurde der Blutdruck im Allgemeinen in den grösseren, dem Herzen näheren Arterien beträchtlich grösser als in den kleineren und vom Herzen entfernteren Arterien gefunden. Umgekehrt verhielt es sich in dieser Hinsicht in den Venen. Nur die Schenkelarterie machte eine [201] Ausnahme von dieser Regel, denn in ihr fand er bei Hunden fast ohne Ausnahme den Druck des Blutes etwas grösser

---

chem die Lehre vom Kreislauf des Blutes durch viele neue interessante Versuche bereichert worden ist.

[*]) *Volkmann*, a. a. O. p. 167.

als in der Carotis.*) Beim Kalbe und Kaninchen dagegen war er daselbst etwas kleiner.

Spengler**) dagegen fand den Druck des Blutes in den vom Herzen entfernteren Arterien in der Regel beträchtlich (um 20,5 mm bis 33,9 mm Quecksilberdruck) grösser als in den dem Herzen näheren Arterien, was den physikalischen Gesetzen so sehr widerspricht, dass irgend eine von den vielen Quellen des Irrthums unberücksichtigt geblieben sein muss, welche bei diesen schwierigen Versuchen schwer ganz zu vermeiden sind. Darin stimmen indessen *Spengler*'s Messungen mit *Volkmann*'s Bestimmungen überein, dass der Druck in einem Hämodynamometer, den man in die *Carotis communis* so einführt, dass er nach dem Herzen hingerichtet ist, etwas grösser gefunden wird, als wenn das Instrument nach den Zweigen zu gerichtet ist und folglich das Blut nur durch Anastomosen zu dem Hämodynamometer gelangen kann. Im ersteren Falle stösst eine mit beträchtlicher Geschwindigkeit bewegte Blutsäule auf die ruhende Blutsäule der *Carotis communis*. Nach *Spengler* betrug hierbei die Druckdifferenz beim Pferde nur 3,6 mm, nach *Volkmann* dagegen beim Pferde 35 mm und bei der Ziege 9 mm.***)

In andern Fällen können zwei Umstände leicht bewirken, dass das eingesetzte Hämodynamometer in kleineren Arterien einen geringeren Blutdruck anzeigt, als in grösseren, erstlich der Umstand, dass die kleineren Arterien im Allgemeinen zahlreichere Zweige abschicken und deswegen bei ihnen an dem vorletzten Theile fortdauernde Blutungen schwerer zu vermeiden sind, und dass geringe Blutungen, die bei grösseren Gefässen nur einen geringen Einfluss auf den Stand des Hämodynamometers haben, bei kleinen Gefässen eine beträchtliche Verminderung des Blutdrucks im Hämodynamometer hervorbringen, ferner dass es bei kleineren Arterien schwerer ist, eine Beengung des Eingangs in das Hämodynamometer zu verhüten, als bei grösseren Arterien.

[202] Die Vorstellung, welche ich mir, gestützt auf *Th. Young*'s Versuche und theoretische Auseinandersetzungen über den Druck des Blutes in den Arterien, gebildet habe, halte ich durch *Volkmann*'s Versuche nicht für widerlegt.

Ich stimme darin mit ihm überein, dass der Blutdruck in

---

*) *Volkmann*, a. a. O. p. 174.
**) *Spengler*, Symbolae ad theoriam de sanguinis flumine, Marburgi 1843 und in *Volkmann*'s Hämodynamik p. 166.
***) *Volkmann*, a. a. O. p. 166 u. 173.

den den Haargefässen näheren Arterien geringer sein müsse, als in den von ihnen entfernteren, denn sonst würde das Blut nicht nach den Haargefässen hinströmen. Auch die vorübergehende Zunahme, welche der Druck des Blutes in dem Augenblicke erfährt, wo die Pulswelle durch eine Arterie hindurch geht, muss in den vom Herzen entfernteren und den Haargefässen näheren Arterien etwas geringer sein, als in den dem Herzen näheren, denn denkt man sich die Höhlen der Aeste der Aorta zu einer Höhle vereinigt, so hat diese Höhle einen beträchtlich grösseren Querschnitt als die Aorta, und dieser Querschnitt wächst immer mehr, je mehr die Arterien den Haargefässen näher sind. So wie nun eine Schallwelle, die sich in der Luft ausbreitet, an lebendiger Kraft abnimmt, oder so wie eine kreisförmige Wasserwelle, wenn sie sich ausbreitet und zu einem grösseren Kreise wird, an Höhe abnimmt,*) so nimmt auch die Grösse der Pulswelle ab, je mehr sie sich auf eine grössere Flüssigkeitsmenge ausbreitet.**)

Sowie die in der Orgel befindliche Windlade dazu bestimmt ist, dass die von den Bälgen in sie eingepumpte Luft in ihr sich anhäufe, unter einem hohen und gleichen Drucke stehe und von da aus in alle mit der Windlade in Verbindung stehenden Pfeifen mit gleicher Kraft einströme, die Pfeifen mögen dem Orte, wo die Luft in die Windlade eintritt, nahe oder entfernt sein, so hat man sich die grösseren Arterien als einen Behälter vorzustellen, in welchem sich das Blut der Blutwellen angehäuft und der Druck derselben sich summirt hat, so dass das Blut von da aus in alle kleineren Arterien, sie mögen dem Herzen näher oder von ihm entfernter sein, mit ziemlich gleicher Kraft einströmt. [203] Es ist für die Verrichtung der Haargefässe nicht gleichgültig, durch welchen Druck das Blut in sie hineingetrieben wird. Eine kleine Erhöhung desselben verursacht schon eine Ausdehnung der Wände der Haargefässe und ein vermehrtes Durchschwitzen von Flüssigkeit durch dieselben, so wie auch ein schnelleres Hinüberströmen in die Venen. Wäre der Druck des

---

*) Siehe unsere Versuche hierüber: Wellenlehre p. 192—194.

**) An den durch das Kymographion registrirten Druckcurven, welche *Volkmann* bei dem Schafe beobachtete, als er das eine Instrument in der *Carotis communis* nach dem Herzen hinrichtete, das andere gleichzeitig in dieselbe nach den Zweigen zu einbrachte, beruhte der gefundene Druckunterschied fast nur auf der verschiedenen Grösse der Pulswellen. Siehe Hämodynamik, Taf. VII Fig. 2.

Blutes in den dem Herzen näheren und von ihm entfernteren Arterien beträchtlich verschieden, so hätten die Haargefässe in einem dem Herzen näheren Theile anders gebaut sein müssen als in einem von ihm entfernteren Theile. Es hätten die Wände der Haargefässe desto dichter und undurchgänglicher sein, und der Durchmesser ihrer Höhle desto enger oder die enge Strecke desto länger sein müssen, mit je grösserer Kraft das Blut in sie eingetrieben worden wäre, damit die Menge der durch die Haargefässe durchschwitzenden Flüssigkeit und die Geschwindigkeit des durch sie in die Venen strömenden Blutes an den verschiedenen Orten gleich wäre.

Dass der Druck des Blutes in allen grösseren Arterien ziemlich gleich sei, wird durch die verhältnissmässig geringe Friction daselbst und durch das Aufstauen desselben und die allmähliche Reflexion der Pulswellen erreicht. Von der Grösse dieser Aufstauung des Blutes und der Summirung des von jeder Pulswelle hervorgebrachten Drucks in den Arterien erhält man eine Vorstellung, wenn man bedenkt, dass der Druck des Blutes in den grösseren Arterien in der *Carotis* oder *cruralis*, nach den Untersuchungen von *Hales**) 10 bis 12 mal so gross ist, als in den grossen Venen, womit ziemlich übereinstimmt, dass er in den Arterien nach *Ludwig*'s**) Messungen im ungünstigsten Falle mindestens 10 mal grösser ist als in den entsprechenden Venen,***) und dass dieser Druck im Momente, wo die Pulswelle [204] durch diese Arterien hindurchgeht, nach meinen Berechnungen, die sich auf *Volkmann*'s interessante Abbildungen der

---

*) *Hales*, Statik des Geblüts, übersetzt, Halle 1784. 4. p. 57.

**) *Ludwig* und *Mogk* in *Henle* und *Pfeuffer*, Zeitschrift für rationelle Medizin. Bd. III. 1844. p. 72.

***) Nach *Volkmann* verhielt sich der Druck des Blutes, welcher durch vier mit Quecksilber gefüllte Hämodynamometer beim Kalbe gleichzeitig beobachtet wurde, in der

Art. carotis.	*Vena jugularis*	*Art. metatarsi*	*Vena metatarsi*
= 165,5 mm	= 9,0 mm	= 146,0 mm	= 27,5 mm

und also in der *A. carotis* und *V. jugularis* wie 18,3 zu 1
und in der *A. metatarsi* und *V. metatarsi* wie 5,3 : 1.

Ich wähle von den drei Beobachtungen *Volkmann*'s, die an einem Kalbe, an einem Pferde und an einer Ziege gemacht wurden, nur die am Kalbe gemachte aus, weil der Blutdruck in den Arterien des Pferdes und der Ziege allzu niedrig war und sich also diese Thiere nicht im normalen Zustande zu befinden schienen. S. *Volkmann*'s Hämodynamik p. 173.

Pulswellen mittelst des von *Ludwig* erfundenen Kymographion*) gründen, bei Säugethieren, deren Pulswellen sehr gross sind, aber sich selten wiederholen, um eine Grösse, die zwischen $1/_4$ und $1/_5$ liegt, und bei andern, deren Pulswellen sehr klein sind, sich aber oft wiederholen, beinahe nur um $1/_{100}$ vergrössert wird.

---

*) Das Kymographion ist ein mit einem Schwimmer versehenes Hämodynamometer, das so eingerichtet ist, dass der mit dem Quecksilber steigende und sinkende Schwimmer auf der senkrechten Oberfläche eines Papierstreifens, der durch ein Uhrwerk mit bestimmter gleichmässiger Geschwindigkeit bewegt wird, eine Linie zieht und dadurch die Bewegungen der Quecksilberoberfläche registrirt.

Anmerkungen.

[1]) Unter den Bestrebungen, die Leistungen des thierischen Organismus physikalischen Betrachtungsweisen und experimentellen Prüfungen zu unterwerfen, an welchen die Mitte dieses Jahrhunderts ungewöhnlich fruchtbar war, ist der vorliegende Versuch einer der glänzendsten. Ausgehend von umfassenden Vorarbeiten über die Wellenbewegung in Flüssigkeiten wird der Unterschied zwischen Strombewegung und Wellenbewegung in elastischen Röhren aufgezeigt und die Bedingungen ihres Ablaufes festgestellt. Die Art und Weise, wie diese beiden Vorgänge an dem Kreislauf des Blutes Antheil haben, wird an einem Modell anschaulich gemacht, welches, trotz grösster Einfachheit, doch den hauptsächlichsten Bedingungen des natürlichen Kreislaufes gerecht wird. Eine ganze Reihe von Fragen, welche bis dahin noch nicht klar übersehen werden konnten, finden dabei ihre Erledigung, wie die Bedeutung der Herzarbeit, der elastischen Gefässwand, der Widerstände im Capillargebiete sowie der Blutmenge auf die Vertheilung und Bewegung des Blutes innerhalb des Gefässsystems. Diese Vorstellungen sind zum grössten Theil so sehr in Fleisch und Blut der heutigen medicinischen Generation übergegangen, dass der Fortschritt, den die Darlegungen des Verfassers bezeichneten, kaum mehr richtig geschätzt werden kann. Ihre Bedeutung wird vielleicht dadurch am besten gekennzeichnet, dass sie seit ihrem Erscheinen zwar mannigfache Zusätze, aber keine wesentlichen Correcturen erfahren haben.

Die Darstellung ist bemerkenswerth durch Schlichtheit und Schärfe des Ausdrucks, sowie durch den klaren Blick, mit welchem verwickelte Vorgänge zergliedert und auf ihre einfachsten Erscheinungsformen zurückgeführt sind.

[2]) Diese Note erschien als besondere Abhandlung erst 1866 in den Verhandlungen der kgl. sächs. Gesellsch. d. Wiss. unter dem Titel: Theorie der durch Wasser und andere incompressible Flüssigkeiten in elastischen Röhren fortgepflanzten Wellen.

³) In dieser Allgemeinheit ist der Satz nicht giltig. Vgl. damit S. 19 »Resultate« und das in der Anmerkung 4 Gesagte.

⁴) Es ist dies ein specieller Fall, der sich bei Kautschukschläuchen häufig findet, indem der Elasticitätsmodul mit steigendem Druck abnimmt. *Wilh. Weber* äussert sich a. a. O. über den Einfluss des Druckes wie folgt: Die Grösse des Druckes hat hiernach an sich keinen unmittelbaren Einfluss auf die Geschwindigkeit der Wellen, sondern nur einen mittelbaren durch die damit verbundene Erweiterung der Röhre und durch die mit dieser Erweiterung bisweilen verbundene Aenderung des Elasticitäts-Modulus der Röhre, falls der letztere bei verschiedenen Ausdehnungen der Röhre nicht genau derselbe bleibt, wie es im Gesetz der vollkommenen Elasticität angenommen wird.« Später haben *J. Moens* (die Pulscurve, Leiden 1878) und *E. Grunmach* (Arch. f. Physiologie von *Du Bois* 1888) die Richtigkeit dieser theoretischen Forderung experimentell nachgewiesen. Für die Blutgefässe kann als sichergestellt gelten, dass mit steigendem Druck der Elasticitäts-Modulus und die Geschwindigkeit der Wellen grösser wird.

⁵) Unter solchen Bedingungen ist die Bewegung der Wassertheilchen senkrecht zur Röhrenaxe zu gross, um gegenüber den axialen Geschwindigkeiten vernachlässigt zu werden. Die Wellen laufen dann zum Theil so ab, wie an einer freien Flüssigkeitsoberfläche. Neben der Elasticität der Röhrenwand ist dann auch der Einfluss der Schwerkraft in Rechnung zu ziehen.

⁶) Es ist vielleicht zweckmässig noch besonders darauf hinzuweisen, dass hier unter dem mittleren Druck des Blutes, laut der in der Anmerkung gegebenen Definition, etwas ganz anderes zu verstehen ist als unter dem mittleren Blutdruck des gewöhnlichen physiologischen Sprachgebrauches. In letzterem Falle versteht man darunter das Mittel aus allen Drücken an einer und derselben Gefässstelle innerhalb einer gegebenen Zeit.

⁷) Dass auch Nerven, gefässverengernde und gefässerweiternde, auf die Vertheilung und Spannung des Blutes Einfluss haben können, war damals noch nicht bekannt.

⁸) Würden die Blutgefässe im lebenden Körper so durchlässig sein wie in der Leiche (siehe die Versuche auf S. 35), so wäre allerdings die Erhaltung der hohen Spannung schwer zu verstehen. Die Erfahrung hat aber gelehrt, dass die Flüssigkeitsmenge, welche dem Blute durch Lymphbildung, durch den Harn und andere Secrete sowie durch Verdampfung verloren geht, unter gewöhnlichen Bedingungen so gering ist im Verhältniss zu der Blutmenge, welche

in der gleichen Zeit durch den Gesammtquerschnitt des Gefässsystems hindurchgeht, dass die Gefässe als nahezu wasserdicht angesehen werden dürfen. Ob dies auf einer besonderen Beschaffenheit der Wand oder darauf beruht, dass die Stoffe nicht durchtrittsfähig (an gequollene Substanzen gebunden) sind, lässt sich gegenwärtig noch nicht sicher angeben.

[9] Vermöge seiner Contractilität ist das Gefässsystem in weiten Grenzen fähig, sehr verschiedene Blutmengen bei gleichem Blutdruck zu beherbergen.

[10] Die Pulswelle braucht durch die Reflexionen nicht unwahrnehmbar zu werden. Die rückläufige Bewegung der Welle lässt sich sogar mit Sicherheit nachweisen. Siehe *A. Fick*, Würzburger Verhandlungen 1886, und *J. v. Kries, Du Bois Arch.* 1887.

Leipzig, Juli 1889.   **M. v. Frey.**

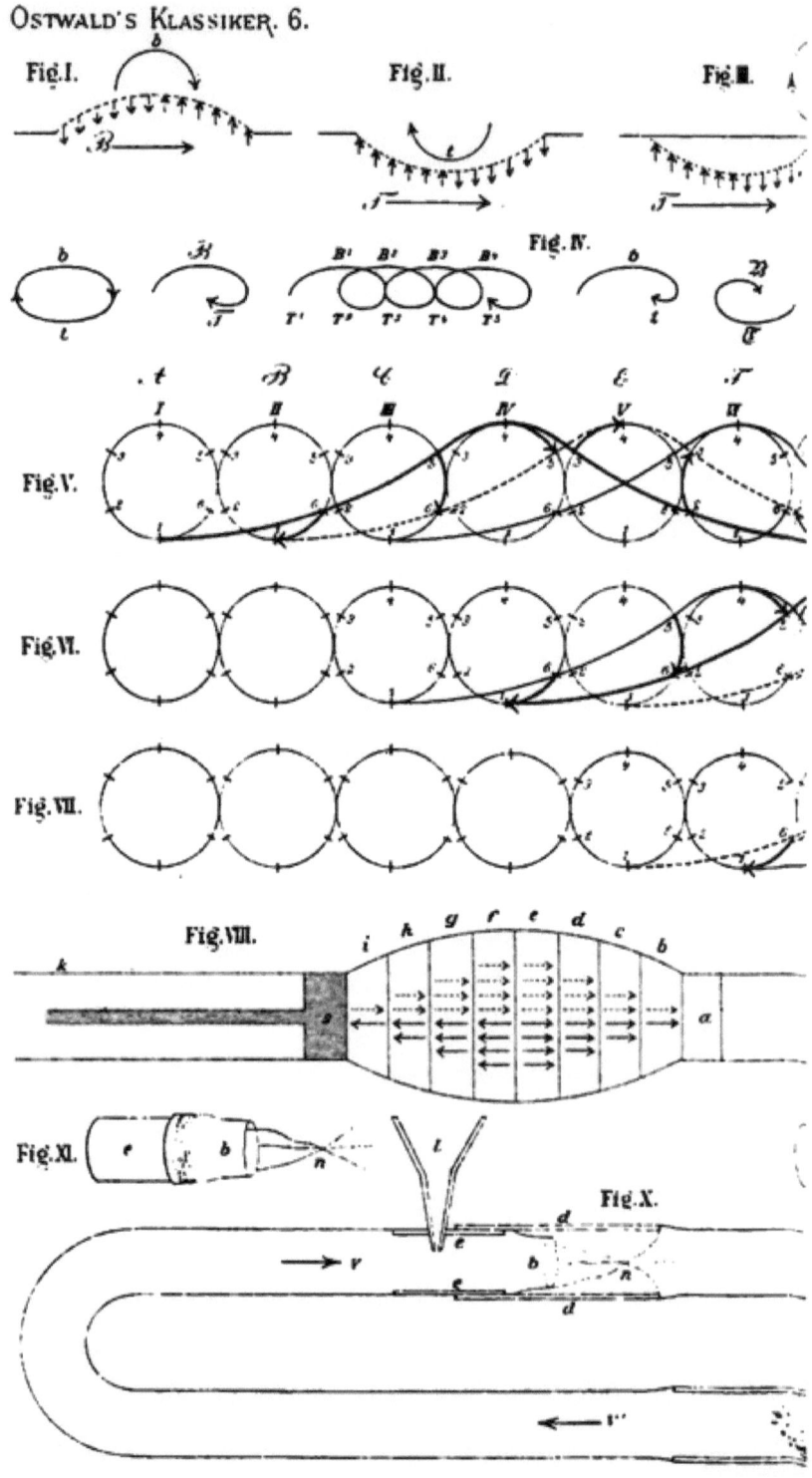

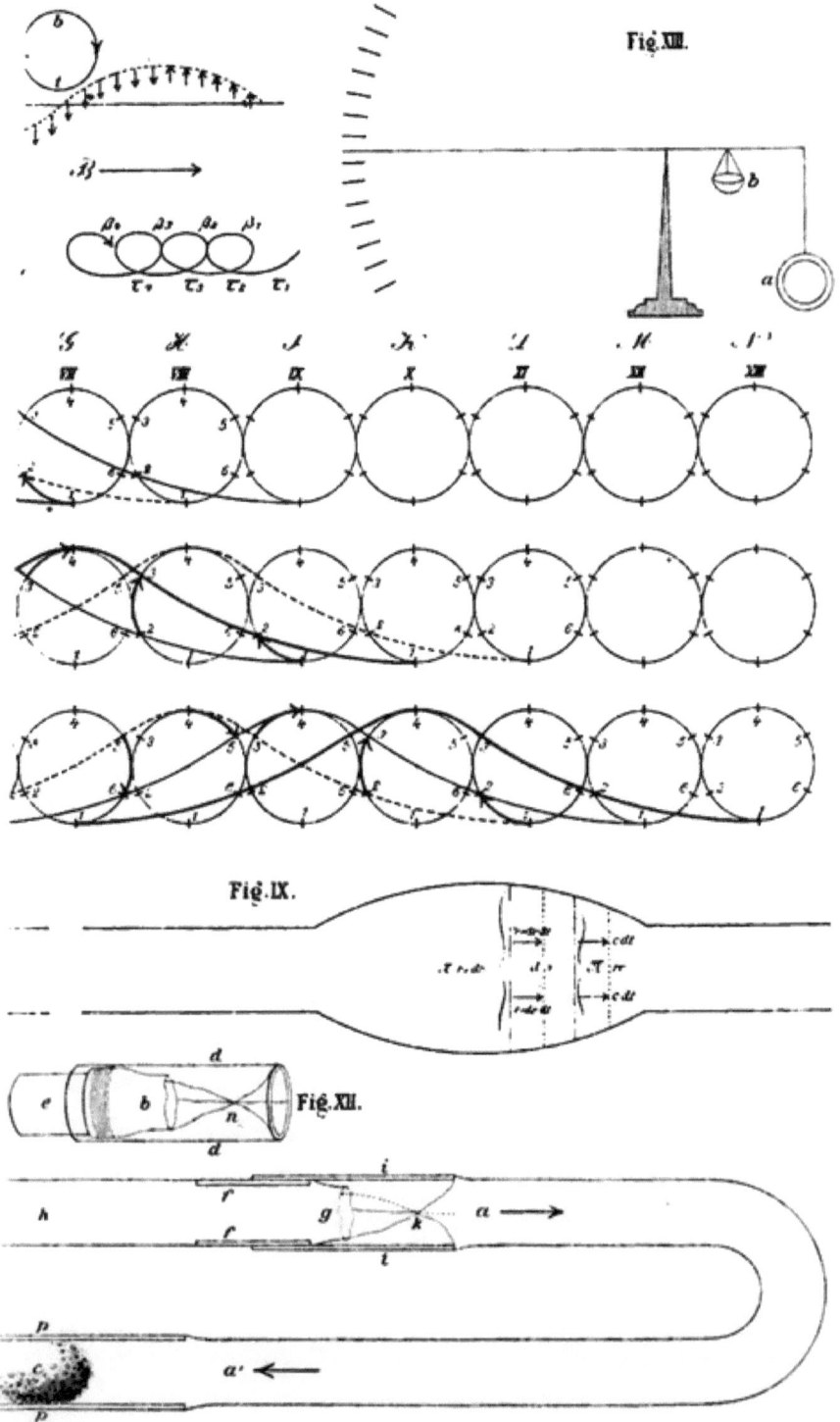